Projekt

Physik betreiben heißt, etwas zu tun. Auf den Projektseiten findet ihr viele Tipps und Anregungen – um etwas zu machen, das sich am Ende sehen lassen kann.

Umwelt

Ein Blick in die Technik

AUFGABEN

1. Um welche Strecke hat sich eine Markierung bei 1 m (bzw. bei 50 cm) verschoben, wenn sich das 2-m-Kupferrohr von Experiment 2 gerade um 2 mm ausgedehnt hat?
2. Wie lang muss ein Eisenstab sein, der sich bei Erwärmung um 100 °C genauso viel ausdehnt wie ein 1 m langer Kupferstab?
3. Weshalb steht auf Messbändern und Messzylindern häufig die Angabe 20 °C ?
4. Mit einem Aluminiumlineal, das in der Sonne gelegen hat, wird die Kantenlänge eines Würfels gemessen. Ist die Kante des Würfels länger oder kürzer als der gemessene Wert? Begründe!
5. Von einem Fahnenmast aus Aluminium (8 m Höhe) hängt ein Stahlseil herab. Im Sommer reicht es gerade bis zum Boden. Wie ist es im Winter? Schätze die Längendifferenz für einen Temperaturunterschied von 20 °C!
6. In Brücken aus Beton werden meistens Stahlmatten eingegossen. Warum darf man kein Aluminium nehmen?
7. Was passiert, wenn du in Experiment 3 heißes Wasser in die Flasche füllst, die Flasche verschließt, abkühlst und dann ein Loch in die Flasche stichst?
8. Die Motoren von Pkw werden mit Wasser gekühlt. Warum ist für dieses Kühlwasser ein Ausgleichsgefäß notwendig?
9. Erwärme die Luft in einer Milchflasche, indem du die Flasche mit sehr heißem Wasser ausspülst. Lege dann schnell ein hartgekochtes, abgepelltes Ei auf die feuchte Öffnung. Beobachte und erkläre, was passiert! Wie könntest du das Ei wieder aus der Flasche bekommen?
10. Ein geiziger Mensch plant, seine Milchflasche anzuwärmen, bevor er sie füllen lässt. Hat er Erfolg? Was würdest du ihm raten?
11. Warum soll die Münze in Experiment 5 angefeuchtet werden?
12. Man kann die Beule aus einem Tischtennisball entfernen, wenn man ihn (mit der Beule nach unten) in heißes Wasser legt. Erkläre!

1

2

ZUSAMMENFASSUNG

Feste Körper, Flüssigkeiten und Gase dehnen sich bei Erwärmung aus. Sie ziehen sich zusammen, wenn sie abgekühlt werden.
Die Volumenänderungen können zu Zerstörungen führen.

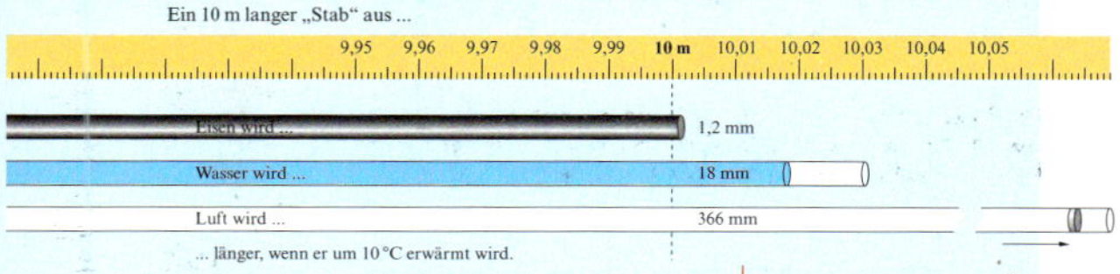

Aufgaben

Sie dienen nicht nur zur Wiederholung und zur Übung. Sie sollen dir ebenso helfen, mit dem Gelernten Neues zu entdecken oder Altbekanntes neu zu verstehen. Daher sind auch hier oft kleine Experimente auszuführen.

Zusammenfassung

Am Ende des Kapitels wird das Wichtigste noch einmal auf den Punkt gebracht.

Ein Blick in ...

Auf diesen Seiten wird über den Tellerrand geschaut – denn der Physik begegnest du nicht nur im Physikraum. Ein *Blick in die Natur* und ein *Blick in die Technik* verrät, wo die Physik, die ihr gerade behandelt, eine besondere Rolle spielt.
Beim *Blick in die Geschichte* erfährst du, was die Menschen früher schon über die Physik wussten und wie diese Wissenschaft langsam entstanden ist.

Themenseiten

Hier kannst du dich gründlich informieren über *Umwelt*, *Energie*, und *Gesundheit* – Themen, die jeden von uns direkt berühren. Wie reagiert dein Körper bei Fieber? Macht Energie dick? Gibt es Elektrizität im menschlichen Körper? Diese Fragen tauchen nicht nur im Physikunterricht auf, sondern auch in anderen Fächern, wie z. B. Erdkunde, Biologie oder Chemie.

W0318099

Inhalt

Temperatur und Energie

„Hurra, die Sonne scheint!“
Wer freut sich nicht, wenn nach grauen Regentagen endlich die Sonne wieder durch die Wolken schaut? Der Tag ist heller, freundlicher und wärmer. Licht und Wärme machen die meisten Menschen fröhlicher. Auch viele Tiere werden erst munter, wenn die Sonne sie erwärmt, die Pflanzen wachsen und blühen, wenn die Tage länger und wärmer werden.

Wind und Wetter, Wolken, Regen und Schnee werden von der Sonne „gemacht“. Licht und Wärme der Sonne sind für das Leben auf der Erde unentbehrlich.

Die Sonne lässt nicht nur die Pflanzen wachsen. Auch der Eiffelturm in Paris „wächst“, wenn es warm wird: Genaue Messungen der Höhe des Eiffelturmes liefern an heißen Sommertagen andere Ergebnisse als an kalten Tagen im Winter: Der 300 m hohe Turm ist im Hochsommer etwa 30 cm höher als im tiefen Winter. Selbstverständlich wächst der Eiffelturm nicht wie eine Pflanze. Und im nächsten Winter ist er wieder kleiner.

1

Wächst der Eiffelturm im Sommer?

Der Eiffelturm besteht aus vielen hundert Eisenstäben, die miteinander vernietet sind. Diese Stäbe werden an heißen Sommertagen von der Sonne kräftig erwärmt. Im Winter sind sie eiskalt.
Wenn der ganze Eiffelturm bei Erwärmung größer wird, dann muss auch jeder einzelne Eisenstab des Turms bei Erwärmung länger werden: Würde der 300 m hohe Turm aus 300 Eisenstäben von 1 m Länge bestehen, dann müsste jeder einzelne Stab im Sommer etwa 1 mm länger sein als im Winter; denn 300 × 1 mm ergibt eine Längenänderung von 30 cm. Kann man solche Längenänderungen beobachten?

EXPERIMENT 1
Klemme eine 1 m lange Eisenstange an einem Ende fest ein und stelle 1 mm vor das andere Ende einen festen Anschlag auf. Nun erwärme den Stab mit einem Bunsenbrenner. Beobachte den Spalt am Ende des Stabes! Was geschieht, wenn der Stab wieder abkühlt?

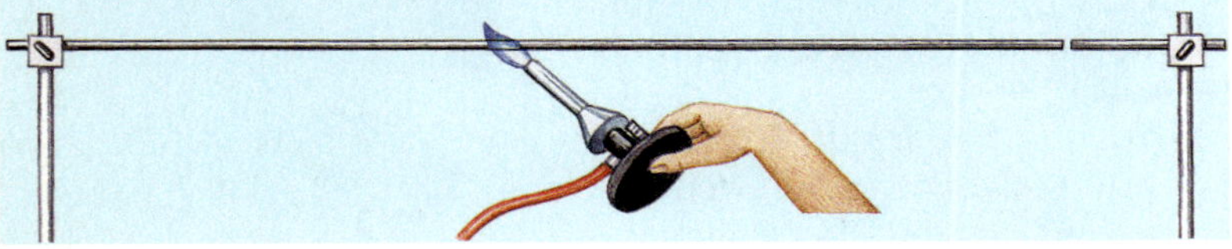

2

Der Eisenstab dehnt sich bei Erwärmung aus und zieht sich bei Abkühlung wieder zusammen. Auch Stäbe aus Aluminium oder Kupfer ändern bei Erwärmung ihre Länge. Es gilt für alle Metalle:

Metallstäbe dehnen sich bei Erwärmung aus und ziehen sich bei Abkühlung zusammen.

3

Noch genauer lässt sich die Längenänderung eines Rohres folgendermaßen untersuchen:

EXPERIMENT 2
Das eine Ende eines etwa 2 m langen Kupferrohres wird fest eingespannt und das andere auf einem dünnen Stab mit Zeiger aufgelegt.
Das feste Ende des Rohres wird mit einem Schlauch an die Warmwasserleitung angeschlossen und am anderen Ende wird die Temperatur des auslaufenden Wassers mit einem Thermometer gemessen. Für verschiedene Temperaturen wird die Zeigerstellung notiert.

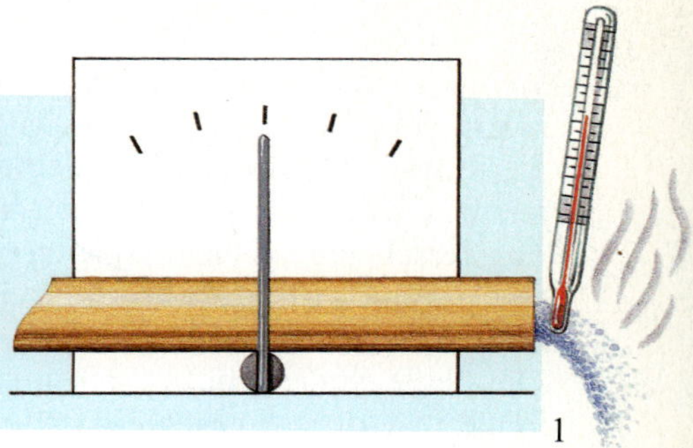
1

Wenn das Rohr in Experiment 2 länger wird, dann rollt sein freies Ende über den dünnen Stab nach rechts. Dabei dreht sich der dünne Stab wie ein Rad, was am Zeiger zu beobachten ist. Mit einer Skala hinter dem Zeiger kann man die Längenänderung sogar genau messen. Zuvor muss dieses Messgerät kalibriert werden: Ein Lineal wird erst 1 mm, dann 2 mm, 3 mm usw. über den dünnen Stab geschoben. Die zugehörigen Zeigerstellungen werden auf der Skala markiert.
Experiment 2 zeigt, dass das Kupferrohr umso länger wird, je heißer das hindurchströmende Wasser ist und dass es bei kaltem Wasser wieder kürzer wird. Macht man solche Experimente mit Rohren aus verschiedenen Materialien (Eisen, Aluminium, Glas usw.), so beobachtet man unterschiedlich große Längenänderungen.
Der Eiffelturm wird im Sommer höher. Wird er auch breiter?
Eine Kugel aus Eisen wird bei Erwärmung in allen Richtungen etwas größer, ihr Volumen nimmt also zu (Bild 2).

Längenänderung fester Körper

Ein 10 m langer Stab aus ...

– Aluminium wird	2,4 mm
– Kupfer wird	1,7 mm
– Silber wird	1,8 mm
– Stahl wird	1,2 mm
– Beton wird	1,2 mm
– Glas wird	0,5 mm

... länger, wenn er um 10 °C erwärmt wird.

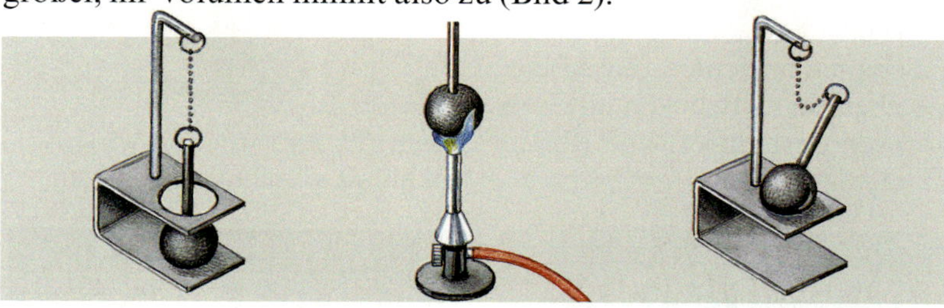
2

Die kalte Stahlkugel (links) passte genau durch das Loch hindurch. Nachdem sie stark erwärmt wurde, passt sie nicht mehr. Die Kugel hat sich ausgedehnt.
Was könnte man mit dem Lochblech machen, damit die heiße Kugel hindurch passt?

Feste Körper aus verschiedenen Materialien dehnen sich bei gleicher Erwärmung unterschiedlich stark aus.

Passt in eine heiße Flasche mehr hinein als in dieselbe kalte?
Würde in der Flasche eine etwas kleinere Flasche und in der wiederum eine kleinere Flasche stecken usw., dann wäre die Flasche ganz und gar aus Glas (Bild 3). Bei Erwärmung würde sie – ähnlich wie die Stahlkugel – größer werden. Also werden alle Flaschen in der Flasche, auch die äußerste, etwas größer. Das gilt auch für andere Hohlkörper wie z. B. Töpfe, Schalen oder Rohre.

Das Innenvolumen eines Hohlkörpers nimmt bei Erwärmung zu und bei Abkühlung ab.

3

Die Puppe in der Puppe macht es klar: In die heiße Flasche passt mehr hinein.

Was die Volumenänderung bewirken kann

Wenn der Maler die Fensterrahmen neu lackieren will, dann muss er zuvor die alte Farbe entfernen. Mit einer Heißluftpistole erwärmt er die alte Farbe bis sie weich wird und schabt sie dann mit einem Spachtel ab. Wenn er unvorsichtig ist, macht es plötzlich „knacks!“. Die Fensterscheibe hat einen Sprung (Bild 1). Was ist passiert?
Die Heißluftpistole erwärmt die Glasscheibe genau dort, wo sie hinbläst. Diese Stelle wird sehr heiß, während der Rest noch kühl ist. Die heiße Stelle „muss“ sich ausdehnen, hat dafür aber „keinen Platz“: Sie drückt gegen die kalten Bereiche und zerstört dabei die Glasscheibe.
Aus ähnlichem Grund werden in der Wüste die Steine langsam zu Sand. Tagsüber heizt die Sonne die Steine auf, nachts kühlen sie sich wieder ab. Dieser dauernde Wechsel zwischen heiß und kalt, zwischen Ausdehnen und Zusammenziehen, erzeugt Risse im Stein und sprengt ihn. Und nach einigen tausend Jahren werden so aus einem Stein viele Sandkörner.
Was passieren kann, wenn sich ein fester Körper ausdehnt und wieder zusammenzieht, zeigt auch der „Bolzensprenger“ in Bild 2: Der Mittelstab wird erhitzt und dehnt sich deshalb aus. Bei dieser Länge wird er fest verkeilt. Wenn der Mittelstab sich abkühlt und dabei wieder kürzer wird, zerbricht er den massiven Eisenbolzen!

1
Der Maler muss sehr vorsichtig den Lack am Fensterrahmen erhitzen.

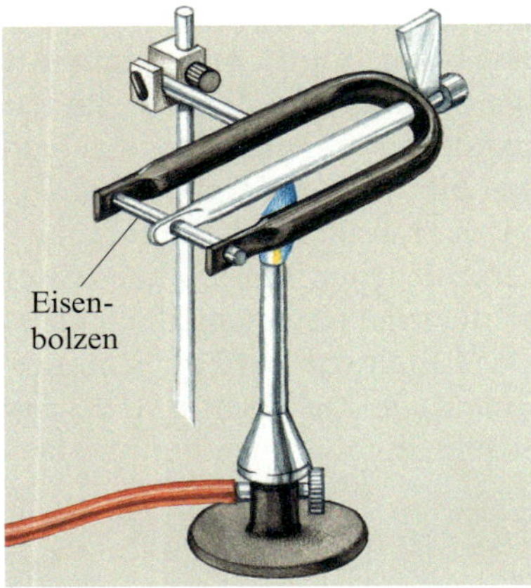

2
Wenn sich der Mittelstab wieder abkühlt, zerbricht er den Bolzen.

Die Volumenänderung fester Körper bei Temperaturänderung kann zu Zerstörungen führen.

Damit die Volumenänderung keinen Schaden anrichtet, muss Platz für das Ausdehnen und Zusammenziehen sein. Brücken sind im Sommer länger als im Winter. Sie werden deshalb oft auf Rollen gelagert und haben Dehnungsfugen.

3
Dehnungslager einer Brücke

4
Dehnungsfuge einer Brücke

5
Dehnungsschleife der Fernheizung

Die Rohre der Fernheizung werden mit Dehnungsschleifen verlegt: Wenn sich die geraden Stücke ausdehnen, verformen sie ohne Schaden ein wenig den U-förmigen Rohrabschnitt.
Aber die Volumenänderung wird auch genutzt: Damit ein Bolzen besonders fest sitzt, wird er vor dem Einsetzen stark abgekühlt (Bild 6). Er wird in flüssigen Stickstoff getaucht und hat dann eine Temperatur von etwa –200 °C. Er ist jetzt etwas kleiner als zuvor und passt in die Bohrung. Wenn sich der Bolzen wieder auf die Umgebungstemperatur erwärmt, lässt er sich nicht mehr lösen.

6

Ausdehnung von Flüssigkeiten

Liegt ein Gartenschlauch nach dem Rasensprengen lange in der Sonne, wird er dick und prall: Wenn du die Düse aufdrehst, spritzt einen Augenblick lang warmes, vielleicht sogar heißes Wasser heraus, obwohl der Wasserhahn geschlossen ist.

EXPERIMENT 3
Fülle eine kleine Plastikflasche randvoll mit kaltem Wasser und verschließe sie. Stelle sie in ein heißes Wasserbad und warte einige Zeit, damit das Wasser in der Flasche heiß wird. Nimm eine Nadel und stich ein Loch hinein. Beobachte und erkläre!

1

Das kalte Leitungswasser wird im Schlauch bzw. in der Flasche erwärmt. Es braucht mehr Platz und dehnt den Schlauch bzw. die Flasche etwas aus. Durch jede Öffnung wird das „überschüssige" Wasser herausgepresst.
Wer zu Hause noch Obstsaft einkocht, kann die Volumenänderung des Saftes bei Abkühlung beobachten: Auch wenn die Saftflaschen fast vollständig gefüllt und dann mit einer Gummikappe verschlossen werden, sind die Flaschen nach dem Abkühlen nicht mehr so voll (Bild 2). Nicht nur Wasser und Saft, sondern auch andere Flüssigkeiten, wie z. B. Alkohol, Benzin, Petroleum und Öl, ändern ihr Volumen, wenn ihre Temperatur geändert wird.

2

Der Obstsaft wird heiß in Flaschen gefüllt.

Bei Erwärmung einer Flüssigkeit nimmt ihr Volumen zu, bei Abkühlung nimmt es ab.

EXPERIMENT 4
Drei gleich große Kolben werden mit Wasser, Glycerin und Petroleum gefüllt und mit gleichen Stopfen und Röhrchen verschlossen. Sie werden so lange in ein heißes Wasserbad gestellt, bis alle dieselbe Temperatur haben; in allen Röhrchen steht die Flüssigkeit bis zum oberen Rand. Danach werden die Kolben in kaltes Wasser gestellt.

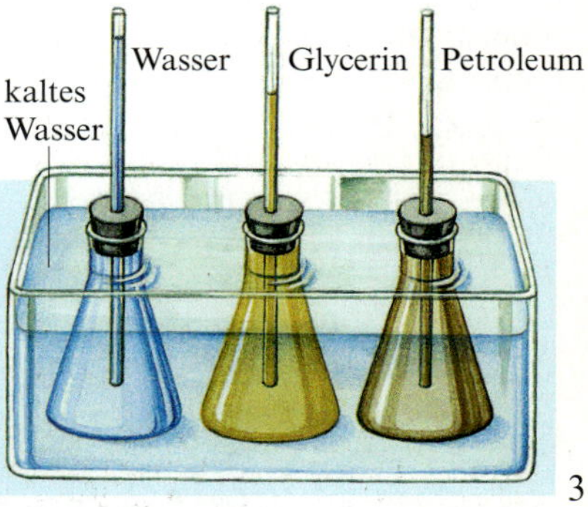

3

Nach dem Abkühlen stehen die Flüssigkeiten in unterschiedlichen Höhen. Allerdings reagieren sie unterschiedlich auf die gleiche Erwärmung bzw. Abkühlung. Petroleum zieht sich beim Abkühlen mehr zusammen als Glycerin und als Wasser. Umgekehrt dehnt sich Wasser bei gleicher Erwärmung viel weniger aus als Petroleum.

Die Volumenänderung einer Flüssigkeit hängt von der Temperaturänderung und von der Art der Flüssigkeit ab.

Füllt man ein Rohr bis 1 m Höhe und erwärmt alles um 10 °C dann steigt die Füllhöhe bei

- Wasser um 2 mm
- Quecksilber um 2 mm
- Glycerin um 5 mm
- Petroleum um 10 mm
- Alkohol um 11 mm
- Aceton um 14 mm

Sowohl Flüssigkeiten als auch feste Körper ändern ihr Volumen bei Temperaturänderung. Was ändert – bei gleichem Anfangsvolumen

und gleichen Temperaturänderungen – sein Volumen stärker, die Flüssigkeit oder der feste Körper?
Die Erfahrungen beim Abkühlen von Obstsaft geben einen Hinweis: Wenn Flasche und Saft gemeinsam abkühlen, sinkt der Flüssigkeitsstand in der Flasche. Das Volumen des Saftes nimmt also bei derselben Temperaturänderung stärker ab als das Innenvolumen der Glasflasche.

> Unter gleichen Bedingungen gilt: Feste Körper ändern ihr Volumen bei Temperaturänderung weniger als Flüssigkeiten.

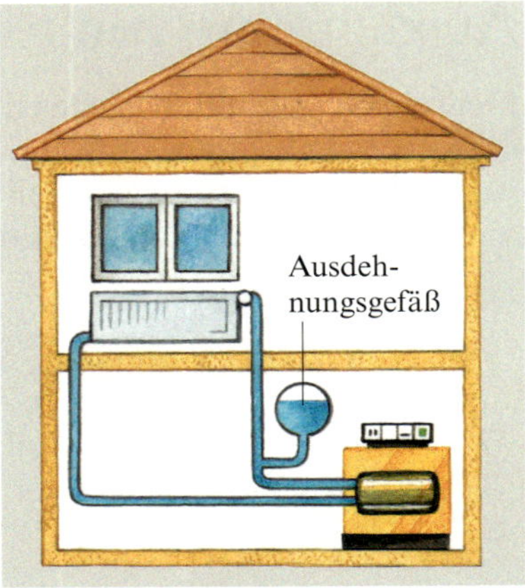

1

Prinzip einer Warmwasserheizung

In der Warmwasserheizung ist das Wasser mal wärmer, mal kälter. Es braucht also mal mehr, mal weniger Platz. Wäre das Rohrsystem völlig geschlossen, hätte das Wasser keinen Platz, um sich auszudehnen. Dadurch entstünde ein großer Druck, der das Rohrsystem sprengen könnte. Damit dies nicht geschieht, wird in die Heizung ein Ausdehnungsgefäß eingebaut (Bild 1). Das Wasser kann sich gegen ein Luftpolster ausdehnen.
Benzin dehnt sich bei Erwärmung sehr viel stärker aus als Wasser. An der Tankstelle kommt das Benzin mit etwa 8 °C bis 11 °C aus dem Erdtank und wird z. B. in einen Reservekanister gefüllt. Im Kanister kann das Benzin im Kofferraum an heißen Sommertagen 50 °C bis 60 °C warm werden. Darum muss der Reservekanister nachgeben können: Er beult sich aus (Bild 2).

2

Dieser Reservekanister ist sehr warm geworden.

> Die Volumenausdehnung einer Flüssigkeit durch Erwärmung kann zur Zerstörung führen, wenn der Behälter nicht nachgeben kann.

Ausdehnung von Gasen

3

Der schwarze Schlauch aus hauchdünner Plastikfolie wurde nur etwa zu 2/3 mit Luft gefüllt und zugebunden, bevor er in die Sonne gelegt wurde.
Inzwischen hat die Sonne den Schlauch und die Luft darin kräftig erwärmt.

Die Luft um uns herum ist kaum zu spüren, aber sie ist lebenswichtig: Wir brauchen sie zum Atmen. Wenn sich die Luft schnell bewegt, spüren wir sie als Wind. Und wenn du dich schnell bewegst, merkst du die Luft als „Gegenwind“. Luft ist ein besonderer Stoff: Sie verteilt sich gleichmäßig in alle Räume. Solche Stoffe heißen *Gase*.
Aus dem Bunsenbrenner kommt ein brennbares Gas. Du kannst es nicht sehen, aber riechen. Wenn das Gas nicht verbrannt wird,

verteilt es sich im ganzen Raum und mischt sich mit der Raumluft. Schon ein kleiner Funke kann diese Mischung entzünden.
So wie Flüssigkeiten und feste Körper brauchen auch Gase mehr Platz, wenn sie erwärmt werden. Das ist nur zu beobachten, wenn sie eingesperrt sind, andernfalls verteilen sie sich gleichmäßig im Raum. Wenn aber Luft in einem Schlauch oder in einer Flasche erwärmt wird, drückt sie auf die Wände des Behälters.

1

EXPERIMENT 5
Nimm eine leere Flasche, die du mit einer angefeuchteten Münze verschlossen hast, in die Hände. Nach kurzer Zeit klappert die Münze.
Halte eine Kerzenflamme nahe an die Flaschenöffnung und beobachte die Flamme, wenn die Münze klappert!

Die Luft in der Flasche wird durch deine warmen Hände erwärmt und braucht mehr Platz. Deshalb hebt sich kurz die Münze und die „überschüssige" Luft entweicht.
Bild 2 zeigt einen luftgefüllten Glaskolben, der mit einem eingefetteten Stopfen versehen wurde. Wird der Kolben mit einem Föhn erwärmt, fliegt der Stopfen in hohem Bogen davon.

2

> Eingeschlossene Gase drücken bei zunehmender Temperatur immer stärker auf die Gefäßwand und auf den Verschluss: Gase dehnen sich bei Erwärmung aus.

Was dehnt sich stärker aus, Wasser oder Luft? Das soll in einem Experiment untersucht werden.

EXPERIMENT 6
1. Setze auf eine kleine Glasflasche einen Stopfen mit Loch. Durch den Stopfen führt ein Rohr, dessen unteres Ende mit einem Wassertropfen verschlossen ist.
2. Fülle eine gleiche Flasche randvoll mit kühlem Wasser. Der Wasserstand soll zu Beginn unten im Rohr sein.
3. Erwärme die beiden Flaschen, indem du sie in ein warmes Wasserbad stellst und beobachte den Wassertropfen bzw. den Wasserstand!

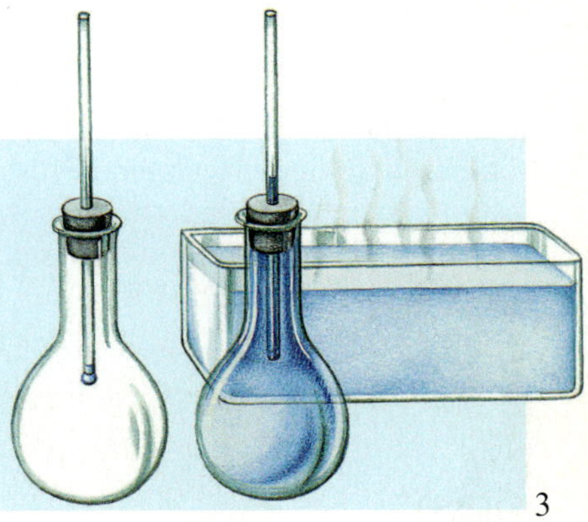
3

Wenn beide Flaschen die Temperatur des Wasserbades angenommen haben, steht der Wassertropfen im Rohr über der Luftflasche erheblich höher als das Wasser im anderen Rohr. Allgemein gilt:

> Gase dehnen sich bei Erwärmung sehr viel stärker aus als Flüssigkeiten oder feste Körper.

Ein Blick in die Technik

Nützliche Volumenausdehnungen

Bimetall. Ein Bimetallstreifen besteht aus zwei unterschiedlichen Metallen, z. B. aus Eisen und Kupfer; „bi“ ist eine lateinische Vorsilbe und bedeutet „zwei“. Haben beide Streifen beispielsweise bei 20 °C exakt dieselbe Länge, dann wird bei 30 °C der Streifen aus Kupfer ein wenig länger sein als der Streifen aus Eisen. Bei Temperaturen unter 20 °C wird der Kupferstreifen kürzer sein als der Eisenstreifen.
Sind jedoch beide Streifen fest miteinander verbunden, indem sie z. B. vernietet oder verschweißt sind, dann wird sich dieses Bimetall bei Temperaturänderung verbiegen. Der längere Streifen wird die „Außenkurve“ bilden.
Bimetallstreifen werden vielfach in Thermometern und elektrischen Geräten genutzt (siehe Seite 72).

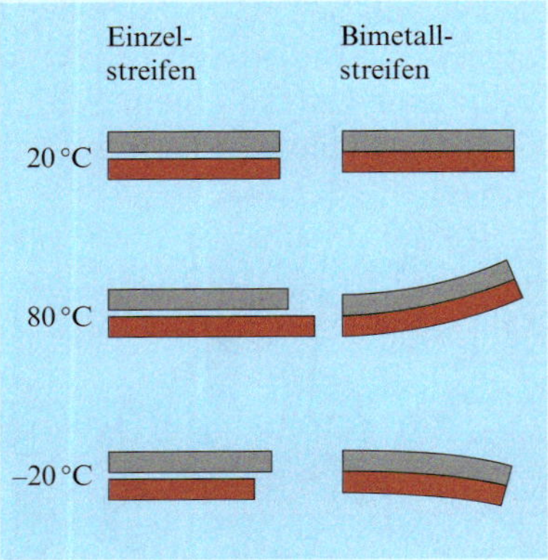

1

Heizkörperthermostat. In den Temperaturreglern für Heizkörper – den Heizkörperthermostaten – wird die Ausdehnung von Flüssigkeiten genutzt: In einem Ausdehnungsgefäß befindet sich eine Flüssigkeit, die sich bei Erwärmung ausdehnt (Bild 2). Die Flüssigkeit drückt auf eine Membran. Diese bewegt einen Stift, der den Zufluss des warmen Wassers verringert. Also heizt der Heizkörper weniger. Wenn es kühl wird und sich die Flüssigkeit wieder zusammenzieht, öffnet sich die Zufuhr wieder. Am Handrad kann der Abstand zwischen Membran und Stift verändert, also die Schließtemperatur eingestellt werden.

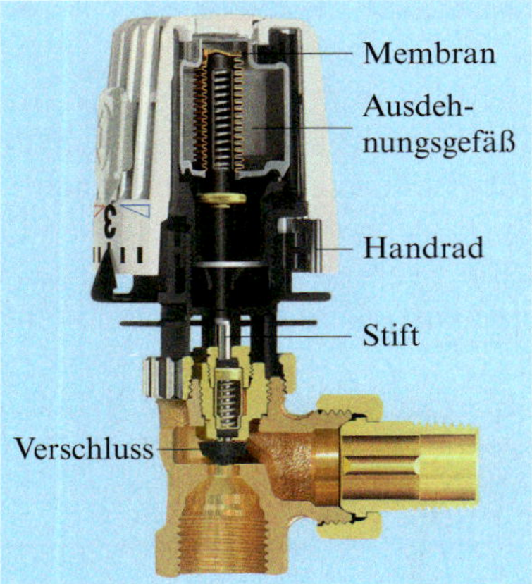

2

Schnitt durch einen Heizkörperthermostaten

Sprinkleranlage. In Kaufhäusern, Kinos, Lagerhallen und anderen Räumen werden oft automatische Löscheinrichtungen eingebaut, damit sich kein Brand ausbreiten kann. Unter der Decke werden Wasserleitungen mit vielen Düsen (Sprinkler) verlegt, die sich beim Ausbruch eines Feuers automatisch öffnen.
Die Sprinkler werden durch kleine bauchige Glasröhrchen verschlossen, in denen sich eine Flüssigkeit befindet (Bild 4).
Wenn in der Nähe ein Feuer ausbricht, wird die Flüssigkeit im Glasröhrchen erwärmt. Sie dehnt sich aus und sprengt das Röhrchen (Bild 5): Die Öffnung ist frei, das Wasser kann ausströmen und das Feuer löschen.

3

4

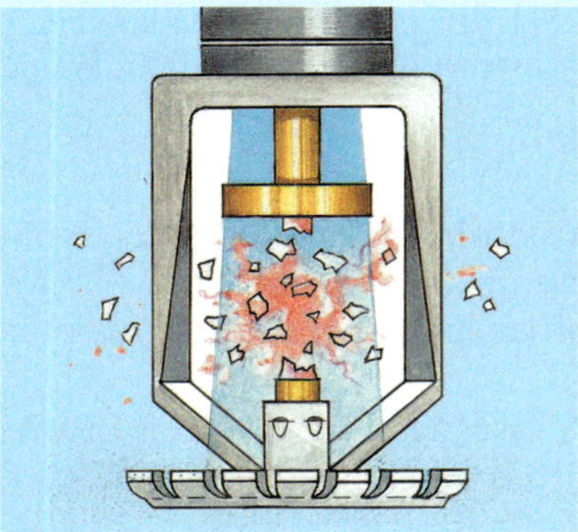
5

AUFGABEN

1. Um welche Strecke hat sich eine Markierung bei 1 m (bzw. bei 50 cm) verschoben, wenn sich das 2-m-Kupferrohr von Experiment 2 gerade um 2 mm ausgedehnt hat?
2. Wie lang muss ein Eisenstab sein, der sich bei Erwärmung um 100 °C genauso viel ausdehnt wie ein 1 m langer Kupferstab?
3. Weshalb steht auf Messbändern und Messzylindern häufig die Angabe 20 °C ?
4. Mit einem Aluminiumlineal, das in der Sonne gelegen hat, wird die Kantenlänge eines Würfels gemessen. Ist die Kante des Würfels länger oder kürzer als der gemessene Wert? Begründe!
5. Von einem Fahnenmast aus Aluminium (8 m Höhe) hängt ein Stahlseil herab. Im Sommer reicht es gerade bis zum Boden. Wie ist es im Winter? Schätze die Längendifferenz für einen Temperaturunterschied von 20 °C!
6. In Brücken aus Beton werden meistens Stahlmatten eingegossen. Warum darf man kein Aluminium nehmen?
7. Was passiert, wenn du in Experiment 3 heißes Wasser in die Flasche füllst, die Flasche verschließt, abkühlst und dann ein Loch in die Flasche stichst?
8. Die Motoren von Pkw werden mit Wasser gekühlt. Warum ist für dieses Kühlwasser ein Ausgleichsgefäß notwendig?
9. Erwärme die Luft in einer Milchflasche, indem du die Flasche mit sehr heißem Wasser ausspülst. Lege dann schnell ein hartgekochtes, abgepelltes Ei auf die feuchte Öffnung. Beobachte und erkläre, was passiert! Wie könntest du das Ei wieder aus der Flasche bekommen?
10. Ein geiziger Mensch plant, seine Milchflasche anzuwärmen, bevor er sie füllen lässt. Hat er Erfolg? Was würdest du ihm raten?
11. Warum soll die Münze in Experiment 5 angefeuchtet werden?
12. Man kann die Beule aus einem Tischtennisball entfernen, wenn man ihn (mit der Beule nach unten) in heißes Wasser legt. Erkläre!

1

2

ZUSAMMENFASSUNG

Feste Körper, Flüssigkeiten und Gase dehnen sich bei Erwärmung aus. Sie ziehen sich zusammen, wenn sie abgekühlt werden.
Die Volumenänderungen können zu Zerstörungen führen.

Ein 10 m langer „Stab“ aus ...

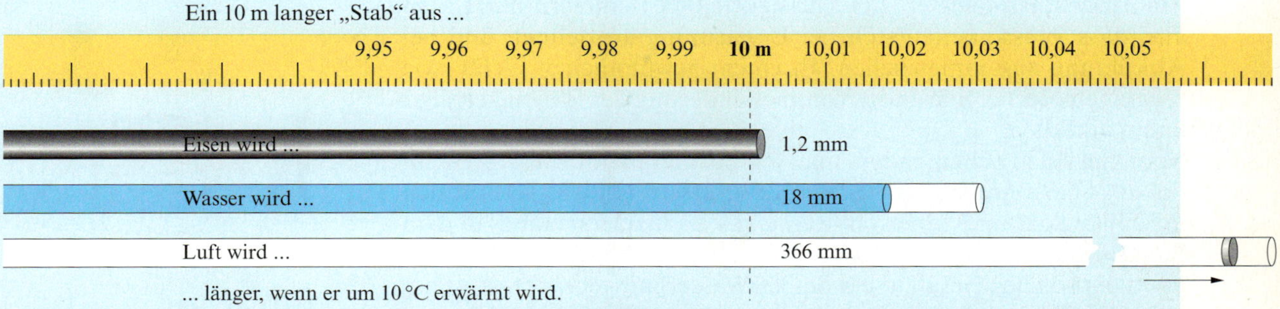

... länger, wenn er um 10 °C erwärmt wird.

Thermometer und Temperaturmessung

Meist reicht bereits ein Blick aus dem Fenster, um zu entscheiden, ob man lieber einen Pullover anziehen sollte oder ob ein T-Shirt reichen wird.
An Wolken, Wind und Sonnenschein erkennst du meist, wie kalt oder warm es draußen ist. An sonnigen Frühlingstagen lohnt sich aber doch ein Blick auf das Thermometer, denn auch bei Sonnenschein und blauem Himmel kann es empfindlich kalt sein.

1

Woher „weiß" das Thermometer die Temperatur?

Im Alltag reicht es meistens aus, nur ungefähr zu wissen, wie warm es ist. Es ist kein großer Unterschied, ob es draußen nun 21 °C oder 23 °C warm ist oder ob der Backofen eine Temperatur von 220 °C oder 225 °C hat.
Ganz anders, wenn du krank bist. Dann ist es ein erheblicher Unterschied, ob das Fieberthermometer 37 °C oder 38 °C anzeigt: Bei Körpertemperaturen über 37 °C spricht man von Fieber, dein Körper „kämpft" mit einer Infektion. Jede Stelle hinter dem Komma kann für den Krankheitsverlauf entscheidend sein.
Wie selbstverständlich benutzen wir beim Messen der Temperatur ein Thermometer. Und ganz selbstverständlich gehen wir davon aus, dass bei allen Thermometern 30 °C auch wirklich 30 °C sind. Aber woher „wissen" die verschiedenen Thermometer in Bild 2, dass sie alle 30 °C anzeigen sollen?

2

Ein Modellthermometer. Bei Flüssigkeitsthermometern nutzt man aus, dass Flüssigkeiten sich bei Erwärmung ausdehnen und bei Abkühlung zusammenziehen. In einem gewöhnlichen Gefäß wie z. B. einem Becher würde die Volumenänderung der Flüssigkeit aber kaum auffallen.
Man kann sich helfen, indem man auf ein Gefäß mit Flüssigkeit ein dünnes Glasröhrchen – das Steigrohr – aufsetzt (Bild 3). Dehnt sich die Flüssigkeit im Kolben ein wenig aus, so macht sich dies in dem Steigrohr deutlich bemerkbar.
Wird ein solches Gefäß in ein heißes Wasserbad gebracht, so steigt zwar der Flüssigkeitsstand an, aber man kann an seiner Höhe keine

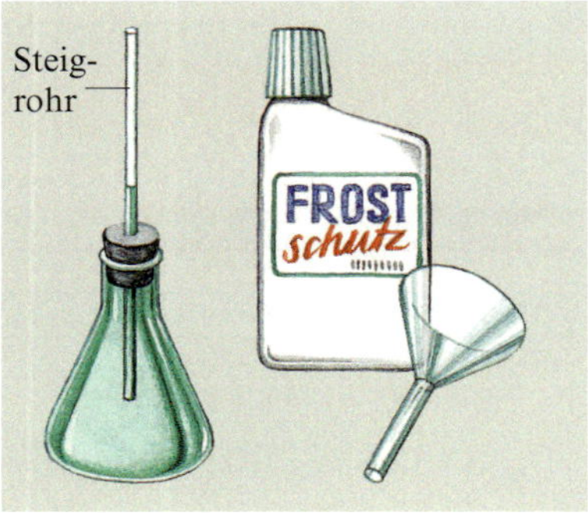

3

Temperatur ablesen. Dazu ist eine Skala notwendig. Ein Modellthermometer mit einer Skala kannst du folgendermaßen selbst herstellen:

EXPERIMENT 1

1. Fülle einen kleinen Erlenmeyerkolben randvoll mit Frostschutzmittel (Glycol). Der Kolben wird mit einem Stopfen, durch den ein Steigrohr führt, verschlossen. Wenn du den Stopfen in die Flasche drückst, soll nur wenig Flüssigkeit ins Rohr steigen. Achte darauf, dass keine Luftblase in der Flasche bleibt!
2. Bringe am Modellthermometer einen Pappstreifen für die Skala an!
3. Stelle das Modellthermometer in ein Wasserbad und erwärme dieses langsam auf einer Heizplatte oder mit einem Gasbrenner.
   Miss mit einem Flüssigkeitsthermometer die Temperatur des Wasserbades und markiere jeweils die Höhe der Flüssigkeitssäule im Steigrohr des Modellthermometers. Erwärme das Wasser nur langsam und warte stets, bis sich die Höhe nicht mehr ändert!

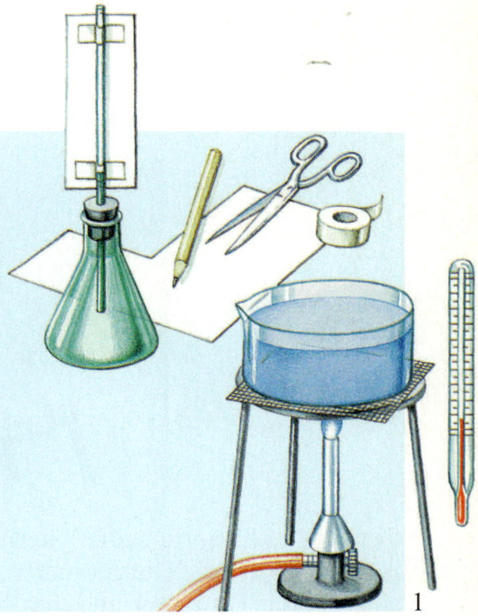
1

Mit diesem Verfahren können alle Thermometer *kalibriert*, d. h., mit der gleichen Skala versehen werden: Man stellt sie mit dem Thermometer aus der Physiksammlung in dasselbe Wasserbad und markiert jeweils bei allen die Flüssigkeitshöhe im Steigrohr.
Das Modellthermometer ist jetzt ein kalibriertes Flüssigkeitsthermometer.

Ein Flüssigkeitsthermometer besteht aus einem Steigrohr mit Vorratsgefäß und einer Skala.

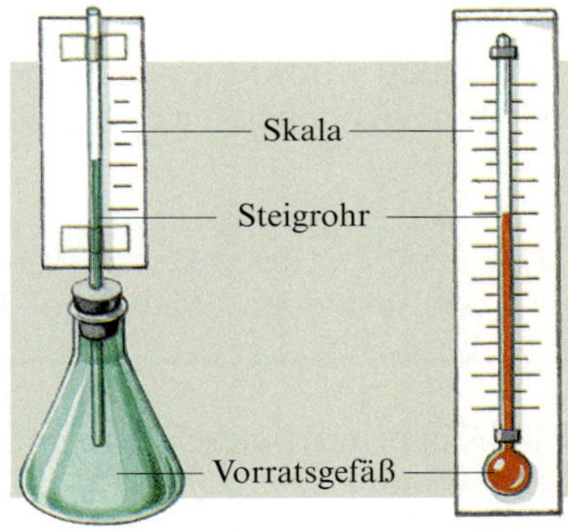

2

Die Thermometerskala

Auch in der Thermometerfabrik müssen die Thermometer kalibriert werden. Die neuen Thermometer werden mit sehr genauen Kalibrierthermometern verglichen; falls nötig werden die Skalen korrigiert. Aber wie kann man ein Thermometer kalibrieren, wenn man noch kein fertiges Thermometer besitzt? Wie wurde das „erste“ Thermometer kalibriert?

Die Celsiusskala. Der schwedische Astronom und Physiker ANDERS CELSIUS (1701–1744) hat schon vor mehr als 250 Jahren folgendes vorgeschlagen: Die Skala sollte durch zwei Temperaturen festgelegt werden, die nicht mit dem Thermometer gemessen werden müssen. CELSIUS hatte nämlich festgestellt, dass eine Mischung aus Eisstückchen und Wasser seine Temperatur so lange nicht ändert, bis die Eisstückchen zu Wasser geschmolzen sind. Außerdem hat CELSIUS beobachtet, dass auch blubbernd kochendes Wasser (die Physiker sagen: *siedendes* Wasser) seine Temperatur nicht ändert, selbst wenn noch so stark geheizt wird.

3

ANDERS CELSIUS

Die Kalibrierung deines Modellthermometers kannst du selbst vornehmen:

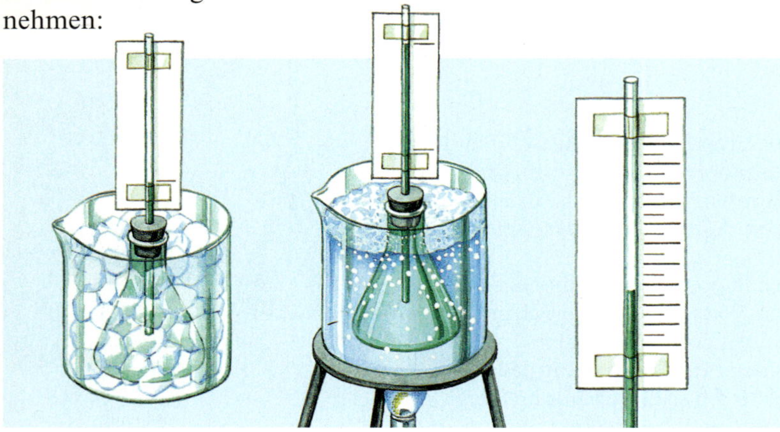
1

EXPERIMENT 2
1. Stelle das Modellthermometer in ein Becherglas mit Eisstückchen und Wasser, warte und markiere die Steighöhe mit 0 °C!
2. Stelle das Modellthermometer in ein Becherglas mit siedendem Wasser, warte und markiere den Stand im Steigrohr mit 100 °C!
3. Teile die Skala in 100 (mindestens in 10) gleiche Abschnitte!

CELSIUS kalibrierte seine Thermometer so wie in Experiment 2: Erst stellte er das Thermometer, das er mit reinem Alkohol gefüllt hatte, in das Eiswasser und markierte die Steighöhe. Dann stellte er es in siedendes Wasser und markierte wieder. Den Abstand zwischen den beiden Markierungen teilte er in 100 gleich große Teilstücke. Wir nennen noch heute diese Teilstücke der Temperaturskala 1 Grad Celsius (1 °C).

Die Temperatur einer Eis-Wasser-Mischung wird auf 0 °C und die von siedendem Wasser auf 100 °C festgelegt.

Für höhere und tiefere Temperaturen wird die Skala in Schritten von 1 °C verlängert.
Eigentlich wurde die Einteilung der Temperaturskala willkürlich vorgenommen. CELSIUS hätte das Eiswasser auch mit 26 Grad und siedendes Wasser mit 112 Grad bezeichnen können und diesen Abstand dann in 86 Teile zerlegen können. Sogar die beiden festen Punkte der Temperaturskala (Eiswasser und siedendes Wasser) sind frei wählbar.
Übrigens bezeichnete CELSIUS tatsächlich die Temperatur des Eiswassers mit 100 Grad, die von siedendem Wasser mit 0 Grad. Wir machen dies heute umgekehrt.

Die Fahrenheitskala. Bereits vor ANDERS CELSIUS hat der Danziger Physiker DANIEL GABRIEL FAHRENHEIT (1686–1736) eine ganz andere Temperaturskala vorgeschlagen, die noch heute in Großbritannien und in den USA benutzt wird: Er steckte sein mit Weingeist (Alkohol) gefülltes Thermometer erst in eine Mischung aus Eis, Wasser und Kochsalz. Mit dieser Mischung wurde damals die tiefste künstlich herstellbare Temperatur erzeugt (–18 °C). FAHRENHEIT bezeichnete diese Temperatur mit 0 Grad. Die (erhöhte) Temperatur eines menschlichen Körpers (38 °C) nannte er 100 Grad. Daraus ergibt sich eine Temperaturskala, die in °F (Grad Fahrenheit) geteilt ist. Achtung: 1 °F ist nicht gleich 1 °C !

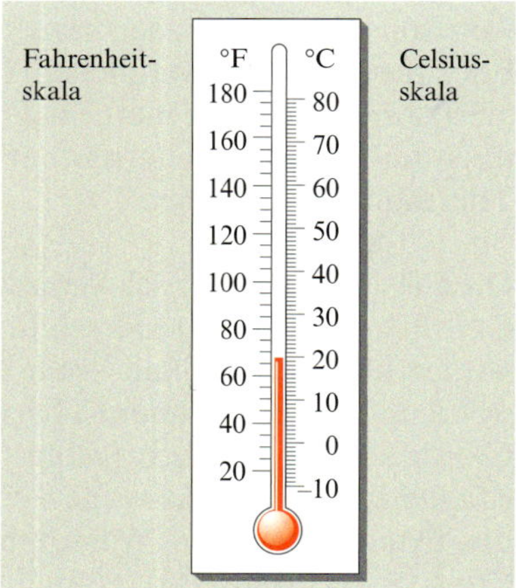

2

Celsius- und Fahrenheitskala im Vergleich

Hohe und tiefe Temperaturen. ANDERS CELSIUS hat für sein Thermometer Alkohol benutzt und das Steigrohr oben verschlossen, damit der Alkohol nicht verdampft. Auf diese Weise konnte er die Skala nach oben bis etwa +130 °C verlängern. Die untere Grenze für die Skala eines Thermometers mit Alkoholfüllung liegt bei –100 °C, dann wird der Alkohol fest. Quecksilber ist eine Flüssigkeit, die bei –39 °C gefriert. Thermometer mit Quecksilberfüllung können von –39 °C bis etwa +700 °C benutzt werden.
In der Tabelle rechts sind viele Temperaturen angegeben, die auch mit einem Quecksilber- oder Alkoholthermometer nicht gemessen werden können. Für solche Messungen werden andere Auswirkungen der Temperaturänderung auf die festen Körper, Flüssigkeiten und Gase genutzt.
Eine solche Möglichkeit hast du schon kennen gelernt: Der Bimetallstreifen biegt sich bei Erwärmung, und zwar umso mehr, je wärmer er wird. Bild 1 zeigt ein Bimetallthermometer. An einem Ende des spiralförmigen Bimetallstreifens befindet sich ein Zeiger, der sich über eine Skala bewegt.
In digitalen Thermometern und in modernen Fieberthermometern wird die Änderung der elektrischen Eigenschaften bei der Erwärmung bestimmter Stoffe ausgenutzt. Manche Chemikalien ändern ihre Farbe bei Erwärmung. Auch sie können als Thermometer dienen.

> Bei allen Thermometern wird ausgenutzt, dass sich bestimmte Eigenschaften von Gegenständen bei Erwärmung bzw. Abkühlung ändern.

Genaues Kalibrieren von Flüssigkeitsthermometern. Beim Kalibrieren von Thermometern mit unterschiedlichen Thermometerflüssigkeiten hat man etwas Erstaunliches herausgefunden:
Für ein Experiment wählte man zwei Gefäße mit Steigrohren so, dass die Thermometerflüssigkeiten bei 0 °C und bei 100 °C jeweils den gleichen Stand anzeigten, nämlich jeweils 0 cm und 100 cm (Bild 2). In dem einen Gefäß befand sich Quecksilber, in dem anderen Gefäß Alkohol.
Nun wurden die Gefäße in ein Wasserbad mit mittlerer Temperatur gebracht. Die Flüssigkeitsstände waren plötzlich nicht mehr gleich! Bei ein und derselben Temperatur stand das Quecksilber bei 50 cm und der Alkohol bei 48 cm.
Tatsächlich dehnt sich Alkohol zwischen 0 °C und 50 °C nicht so stark aus wie Quecksilber. Bei 100 °C hat er aber das Quecksilber wieder „eingeholt".
Mithilfe von anderen Messmethoden haben die Physiker festgestellt, dass sich das Quecksilber sehr „gleichmäßig" ausdehnt. Daher hat man sich geeinigt: Thermometer mit anderen Flüssigkeiten werden an Quecksilberthermometern kalibriert.
Bei einem genauen Thermometer mit Alkohol als Thermometerflüssigkeit ist also der Abstand (in cm) zwischen den Markierungen für 0 °C und 50 °C etwas kleiner als der Abstand zwischen den Markierungen für 50 °C und 100 °C.

Schon gewusst?

Einige Temperaturen

Sonnenoberfläche	6 000 °C
Glühlampe (Wendel)	3 000 °C
Kerzenflamme	1 000 °C
schmelzendes Blei	327 °C
Mond, Tagseite	130 °C
Sahara	bis 66 °C
menschlicher Körper	37 °C
Kühlschrank	4 °C
Tiefkühlfach	–18 °C
Antarktis	bis –88 °C
Mond, Nachtseite	–160 °C
tiefste im Labor erzeugte Temperatur	–273 °C

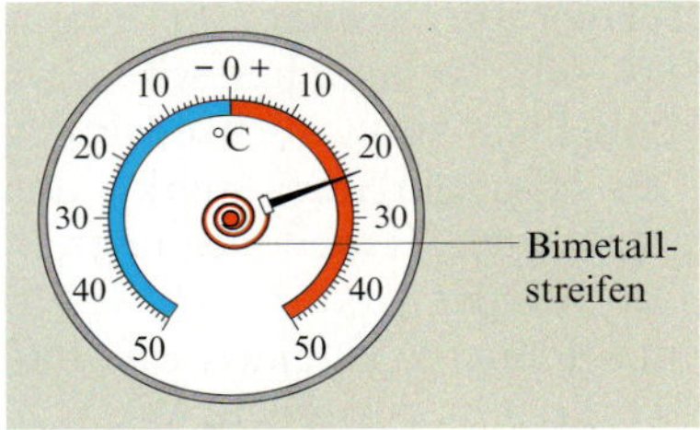

1
Bimetallthermometer

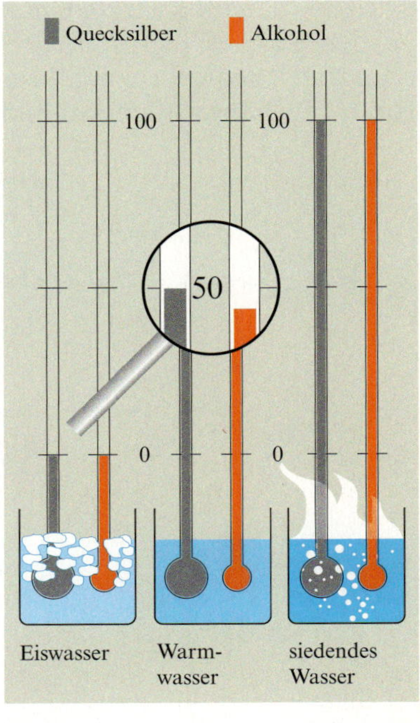

2
Vergleich verschiedener Thermometerflüssigkeiten

Körpertemperatur und Fieber

Hypothalamus. Überall in deinem Körper befinden sich kleine „Thermometer“: Winzige Fühler messen in der Haut, in den Muskeln und auch im Gehirn ständig die Temperatur. Ein bestimmter Teil des Gehirns ist für die Körpertemperatur zuständig, er heißt Hypothalamus. Der Hypothalamus „weiß“, wie die Temperatur im Körper sein soll. Diese Temperatur nennt man Sollwert, sie beträgt normalerweise 37 °C. Der Hypothalamus vergleicht, ob die Temperatur, die im Körper gemessen wird, mit dem Sollwert übereinstimmt.
Auch im Inneren des Körpers beträgt die Temperatur normalerweise 37 °C. Diese nennen wir Körper-Kerntemperatur. Die Haut, die Hände und Füße sind meistens etwas kälter, je nachdem, wie hoch die Temperatur in der Umgebung ist (Bild 1). Deshalb messen wir die Körpertemperatur nicht auf der Haut, sondern im Mund oder im Po, das ist am genauesten.

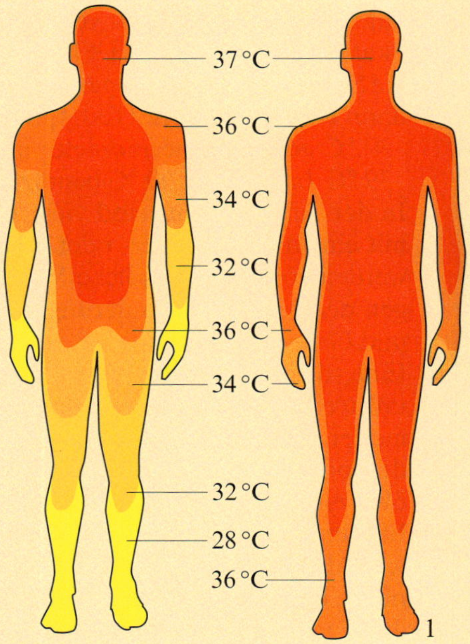

1 Temperaturzonen im menschlichen Körper

Temperaturregelung. An einem kalten Wintertag, wenn draußen 0 °C oder weniger herrschen, werden erst die Hände und Füße kalt, schließlich sinkt auch im Inneren die Körper-Kerntemperatur ab. Der Hypothalamus merkt, dass der Sollwert nicht mehr mit der gemessenen Temperatur übereinstimmt und startet einen Ausgleich. Der Körper kann durch Zittern der Muskeln und durch Zusammenziehen der kleinen Blutgefäße in der Haut wieder die richtige Temperatur einstellen: Wir schlottern vor Kälte und kriegen eine Gänsehaut.
In der Sommerhitze oder in der Sauna, wo die Umgebung viel heißer ist als 37 °C, wird auch ein Unterschied der gemessenen Temperatur mit dem Sollwert registriert. Jetzt reguliert der Körper seine Temperatur durch Schwitzen und Weitstellen der kleinen Blutgefäße in der Haut: Die Haut wird feucht und wir kriegen einen roten Kopf.

2

Fieber. Auch beim Fieber ändert sich die Körpertemperatur. Wenn wir eine schwere Erkältung haben, versucht der Körper, sich gegen die eingedrungenen Krankheitserreger zu wehren. Da alle Funktionen des Körpers schneller ablaufen, wenn er warm ist, muss die Temperatur erhöht werden. Dazu gibt das Gehirn den Befehl an den Hypothalamus, den Sollwert der Temperatur höher einzustellen, z. B. von 37 °C auf 38,5 °C. Beim Vergleich mit der gemessenen Temperatur im Körper merkt der Hypothalamus nun plötzlich, dass die Körper-Kerntemperatur niedriger ist als der neue Sollwert. Der Körper reagiert darauf so, als wäre es draußen zu kalt, nämlich mit Zittern und Gänsehaut. Das nennen wir Schüttelfrost.
Der Schüttelfrost zeigt uns, dass die Temperatur im Körper ansteigt, nämlich von den normalen 37 °C auf 38,5 °C Fieber. Sind die Krankheitserreger erfolgreich abgewehrt, wird der Sollwert wieder abgesenkt. Jetzt ist die gemessene Temperatur wieder höher als der Sollwert, der Körper muss sich abkühlen wie im Sommer. Uns bricht der Schweiß aus.
Das Fieber trägt dazu bei, dass die Krankheitserreger schneller aus unserem Körper vertrieben werden können. Fieber ist also eine hilfreiche Einrichtung. Ganz ungefährlich ist diese Reaktion des Körpers aber nicht, denn die Zellen, aus denen der Körper besteht, sind sehr hitzeempfindlich. Bei Temperaturen über 42 °C werden die Zellen beschädigt. Deshalb muss man bei hohem Fieber versuchen, die Temperatur zu senken.
Früher hat man Krankheiten oft am Verlauf der Fieberkurve erkannt (Bilder 2 bis 4). Nahm die Fieberkurve einen untypischen Verlauf, so war das für den Arzt ein Alarmsignal. Heute gibt es Medikamente, mit denen das Fieber gesenkt werden kann.

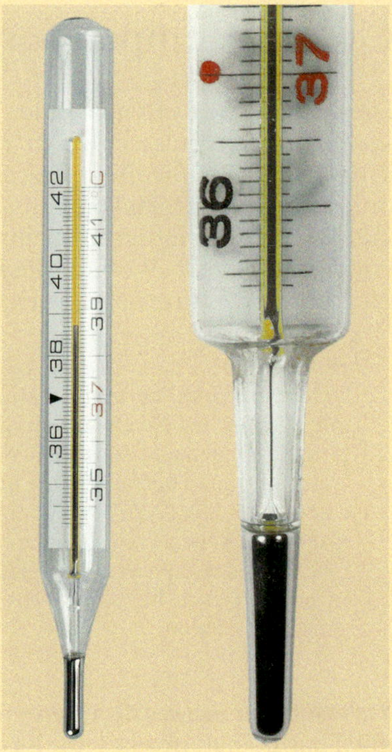

1
Beim Flüssigkeits-Fieberthermometer „reißt der Faden“ nach der Messung. Die Anzeige bleibt stehen.

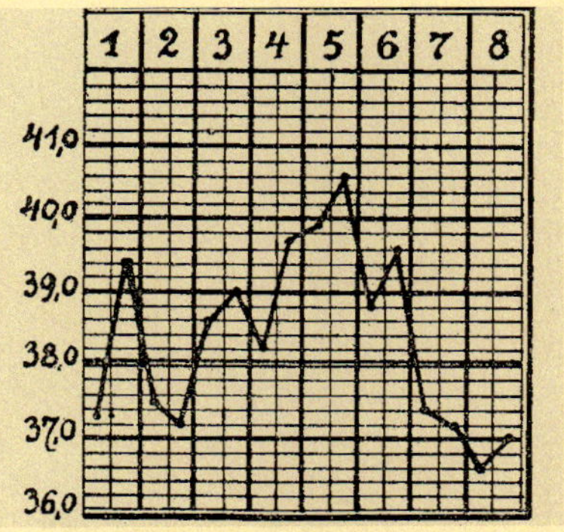

2
Fieberverlauf bei Masern

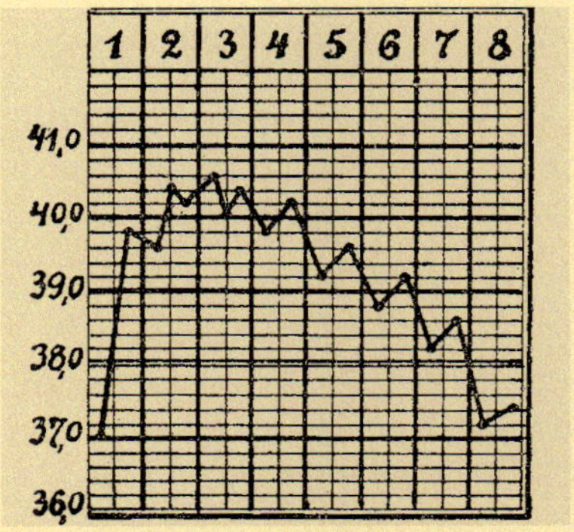

3
... bei Scharlach

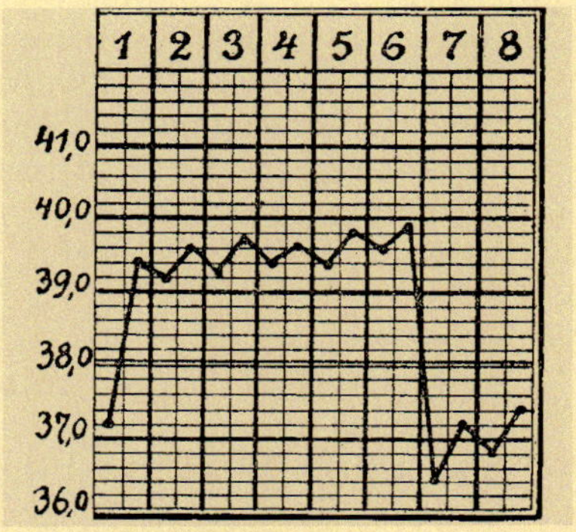

4
... bei Lungenentzündung

AUFGABEN

1. Fülle in je eine Schüssel kaltes, lauwarmes und heißes Wasser. Halte dann etwa 1 Minute lang eine Hand in das kalte, die andere in das heiße Wasser. Tauche anschließend beide Hände in das lauwarme Wasser. Welche Temperaturempfindung hast du? Erkläre!
2. Informiere dich, ob es außer Medikamenten noch andere Mittel gibt, die das Fieber senken!
3. Was „melden“ die Temperaturfühler deiner Haut an den Hypothalamus, wenn du in eine Badewanne mit heißem Wasser steigst? Wie wird er reagieren, was wird in dir passieren?

Projekt

Genaue Temperaturmessungen

Die tatsächliche Lufttemperatur. Um das Wetter des nächsten Tages vorherzusagen, müssen die Meteorologen die Temperatur der Luft kennen. Regelmäßige Temperaturmessungen werden mit dem Computer ausgewertet. Außerdem werden Wetterdaten wie Luftdruck und Windgeschwindigkeit ermittelt. Hieraus wird dann die Wettervorhersage erstellt. Worauf müssen Meteorologen achten, wenn sie die Lufttemperatur wirklich genau messen wollen?

AUFTRAG 1

1. Nehmt mehrere Thermometer (aus der Physiksammlung) und vergleicht ihre Anzeige bei gleichen Bedingungen (z. B.: sie stehen im selben Wasserbad). Zeigen alle denselben Wert an? Notiert die Abweichungen!
2. Geht mit den Thermometern nach draußen. Legt eines in die Sonne, eines in den Schatten, eines in den Wind, eines windgeschützt, besprüht eines mit „Regen" usw. Welche Messwerte erhaltet ihr jeweils?
3. Überlegt euch eine Vorschrift zur Messung der Lufttemperatur!
4. Informiert euch bei einer Wetterstation, wie dort die Temperaturen gemessen werden!

1

Thermometer messen die eigene Temperatur. Aus euren Erfahrungen mit Thermometern wisst ihr: Es dauert einige Zeit, bis das Thermometer einen stabilen Wert anzeigt. Das Thermometer muss erst die Temperatur des zu messenden Gegenstandes annehmen.

AUFTRAG 2

Gruppe A

1. Füllt ein Becherglas, das nur wenig größer als der Kolben eures Modellthermometers ist, mit heißem Wasser!
2. Messt die Wassertemperatur mit einem normalen Thermometer. Stellt euer Modellthermometer in das Becherglas und beobachtet die Temperaturanzeigen des richtigen und des Modellthermometers!
3. Erklärt eure Beobachtungen!

Gruppe B

1. Füllt einige gleiche Fingerhüte oder Filmdöschen halbvoll mit heißem Wasser und messt die Temperatur dieses Wassers mit mindestens drei verschiedenen Thermometern aus der Physiksammlung!
2. Vergleicht die Messwerte miteinander. Achtet auch einmal darauf, wie schnell sich die Anzeigen der Thermometer ändern!
3. Erklärt eure Beobachtungen!

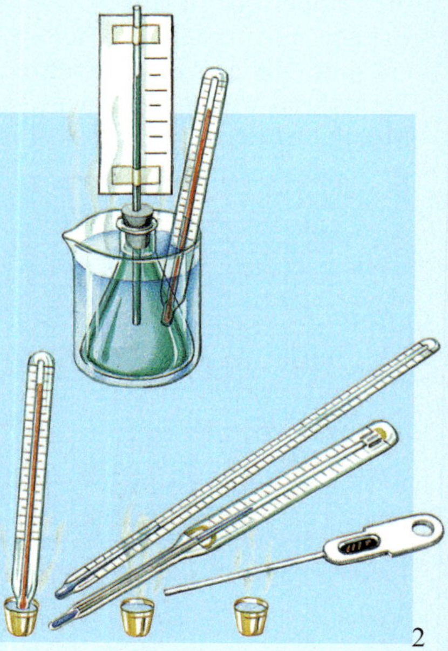
2

Für genaue Messungen muss der Messfühler viel kleiner als der zu messende Gegenstand sein, damit die Temperatur des Gegenstandes möglichst wenig verändert wird. Allerdings braucht nicht das ganze Thermometer die Temperatur des Gegenstandes anzunehmen. Es reicht, wenn der „Messfühler" diese Temperatur hat, also das Vorratsgefäß eines Flüssigkeitsthermometers oder die Metallspitze eines elektronischen Digitalthermometers (Bild 3).

3

AUFGABEN

1. Ein Modellthermometer und ein richtiges Thermometer werden zugleich in heißes (oder kaltes) Wasser gebracht. Wo ändert sich die Temperaturanzeige schneller?
   Erkläre den Unterschied!
2. Suche zu Hause und beispielsweise beim Optiker nach unterschiedlichen Thermometern. Fertige eine Liste an und trage die höchste und die tiefste messbare Temperatur ein. Nenne jeweils die Eigenschaft des Stoffes, die zur Messung der Temperatur genutzt wird!
3. Woher „weiß" die Uhr, wie lange eine Stunde dauert? Vergleiche mit der Festlegung der Temperaturskala durch Anders Celsius!

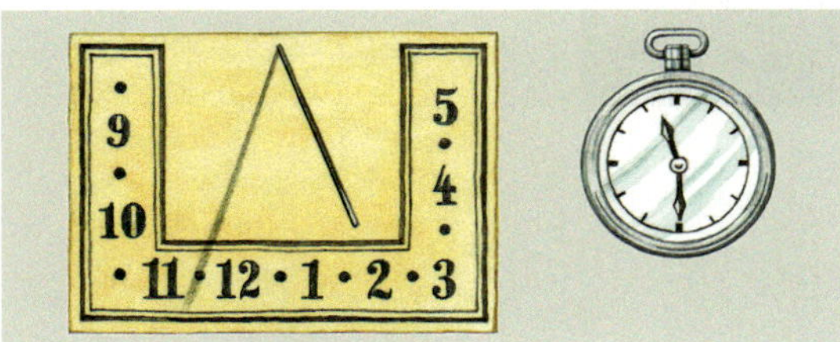

1

4. Worin unterscheiden sich zwei Flüssigkeitsthermometer, deren Abstand von Grad zu Grad unterschiedlich groß ist? Welchen Vorteil hat ein großer Abstand? Gibt es auch Nachteile?
5. Welche Temperaturangaben befinden sich auf Zeichen, die in Kleidungsstücke eingenäht sind? Was besagen diese Angaben?
6. Warum sollte das Steigrohr eines Flüssigkeitsthermometers in jeder Höhe denselben Innendurchmesser haben?
7. Lass dir ein Quecksilber- und ein Alkoholthermometer geben, die beide mindestens von 0 °C bis 100 °C reichen. Prüfe, bei welchem Thermometer die 50 °C genau in der Mitte liegt. Erkläre den Unterschied!
8. Bei welcher Temperatur in °F schmilzt Eis und siedet Wasser? Löse die Aufgabe zeichnerisch!
9. Worauf muss man achten, wenn man die Temperatur genau messen will?
10. Welche Eigenschaften muss ein elektronisches Fieberthermometer haben?
    Betrachte hierzu genau das Quecksilberfieberthermometer auf S. 19!

2

ZUSAMMENFASSUNG

Ein Flüssigkeitsthermometer besteht aus einem Steigrohr mit Vorratsgefäß und einer Skala. Die Temperatur einer Eis-Wasser-Mischung wird auf 0 °C und die von siedendem Wasser auf 100 °C festgelegt.

Drei goldene Regeln der Temperaturmessung

1. Wähle das passende Thermometer!
Das Thermometer muss für die zu messende Temperatur ausgelegt sein. Die Skaleneinteilung sollte so fein wie möglich sein.
Bei der Messung nimmt der Messfühler des Thermometers die Temperatur des Gegenstandes an. Dabei ändern Gegenstand und Messfühler die Temperatur.

2. Warte!
Die Temperatur darf erst dann abgelesen werden, wenn der Messfühler des Thermometers und der Gegenstand die gleiche Temperatur haben. Dies dauert umso länger, je größer der Messfühler ist. Warte stets so lange, bis sich die Anzeige nicht mehr verändert!

3. Schau genau!
Bei Flüssigkeitsthermometern liegt die Skala hinter dem Steigrohr. Deshalb liest man einen falschen Wert ab, wenn man schräg von oben oder unten auf das Thermometer schaut. Schaue stets senkrecht auf die Skala!

Auf der Insel Hawaii fließt die noch heiße Lava zischend ins Meer. Ein faszinierendes Naturschauspiel!
Lava ist flüssiges Gestein aus dem Erdinneren. Solange sie heißer als etwa 700 °C ist, fließt sie wie flüssiges Blei. Mit dieser Temperatur stürzt die Lava ins Meer und wärmt das Wasser an. Die Lava erstarrt zu Klumpen, die auf den Grund sinken.

1

Zwei ungleiche Schwestern: Temperatur und thermische Energie

Stell dir vor, du sitzt in der Badewanne, das Wasser ist schon etwas kühl geworden. Da bringt deine Mutter einen Eimer mit siedendem Wasser und will damit dein Badewasser wieder aufwärmen. Wird die Mischung warm genug sein?
Und was würdest du sagen, wenn jemand – statt mit heißem Wasser – dein Bad mit einem Topf flüssigem Blei aufwärmen wollte? Wird das Badewasser zu heiß?
Was erwärmt 100 l Badewasser mehr, 10 kg flüssiges Blei von 330 °C oder 10 kg siedendes Wasser von 100 °C?

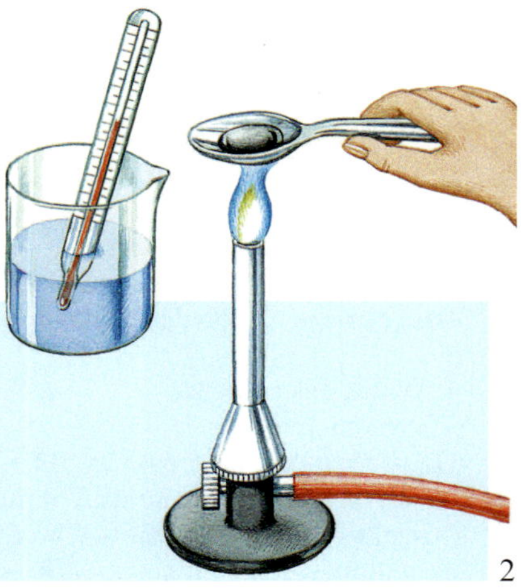

2

EXPERIMENT 1

1. Fülle 2 Bechergläser jeweils mit 1 l lauwarmen Wassers und miss die Temperatur!
2. Schmelze 100 g Blei nach und nach in einem Stahllöffel und gieße es in eines der Bechergläser. Miss anschließend die Temperatur!
3. Bringe die gleiche Menge Wasser (100 ml ≙ 100 g) zum Sieden. Gieße dieses Wasser in das andere Becherglas und miss die Temperatur!

Das flüssige Blei erhöht die Temperatur des Wassers nur um etwa 1 °C. Aber mit siedendem Wasser wird das Wasser im Becherglas um etwa 6 °C wärmer. Dieselben Temperaturänderungen würden in deinem Badewasser gemessen werden, denn das Experiment 1 ist ein Modell des Badewasserversuches im Maßstab 1 : 100.
Trotz seiner hohen Temperatur erwärmt das flüssige Blei das Wasserbad deutlich weniger als das heiße Wasser. Und wenn das Blei nur die Temperatur von siedendem Wasser hätte (100 °C), würde es das Wasserbad sicher noch weniger erwärmen.

EXPERIMENT 2
Fülle ein Becherglas mit 1 l Wasser und miss die Temperatur. Halte 100 g Bleischrot in einem Netz einige Zeit in siedendes Wasser.
Gib das Blei dann in das Becherglas und miss erneut die Temperatur!

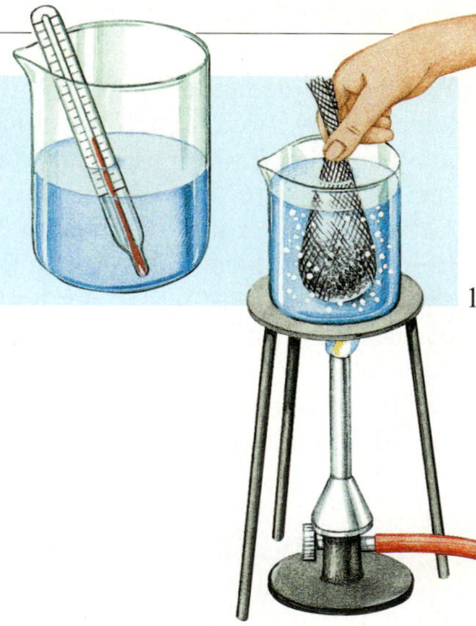
1

Die Temperaturerhöhung im Experiment 2 ist kaum zu messen, sie beträgt nur etwa 0,2 °C! Mit siedendem Wasser der gleichen Menge wurde jedoch eine Temperaturerhöhung von fast 6 °C erreicht.
Offensichtlich können 100 g Wasser mit einer Temperatur von 100 °C einen Gegenstand stärker erwärmen als 100 g Blei derselben Temperatur. Für diesen Unterschied verwenden die Physiker einen besonderen Begriff. Sie sagen: 100 g Wasser enthalten mehr **thermische Energie** als 100 g Blei derselben Temperatur.
Auch ein Gasbrenner oder eine Heizplatte können Gegenstände erwärmen. Sie führen diesen Gegenständen thermische Energie zu. Muss dabei immer die Temperatur der Gegenstände erhöht werden?

EXPERIMENT 3
1. Fülle ein Becherglas mit 1 kg (also 1 l) Wasser aus der Leitung. Miss die Temperatur und erwärme mit einem Gasbrenner das Wasser 5 min lang! Welche Temperatur erreicht das Wasser?
2. Fülle in ein zweites gleiches Becherglas 500 g kleine Eisstücke und 500 g (also 0,5 l) Wasser. Erwärme das Eis-Wasser-Gemisch unter ständigem Rühren ebenfalls 5 min lang mit demselben Gasbrenner und beobachte die Temperatur!

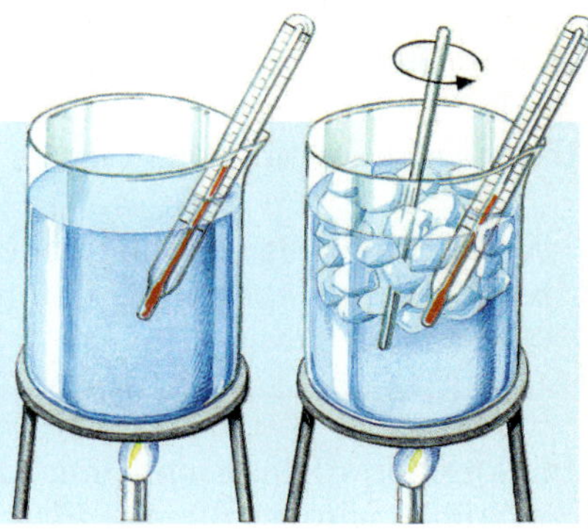
2

Im ersten Teil des Experiments wird die Temperatur des Wassers um etwa 10 °C erhöht. Dagegen ändert das Eis-Wasser-Gemisch seine Temperatur nicht. Sie bleibt während des zweiten Teilexperiments bei 0 °C. Durch die Zufuhr thermischer Energie schmilzt allerdings ein wenig Eis. – Obwohl die Brennerflamme in beiden Fällen gleich viel Energie zuführt, geschieht nicht das Gleiche!

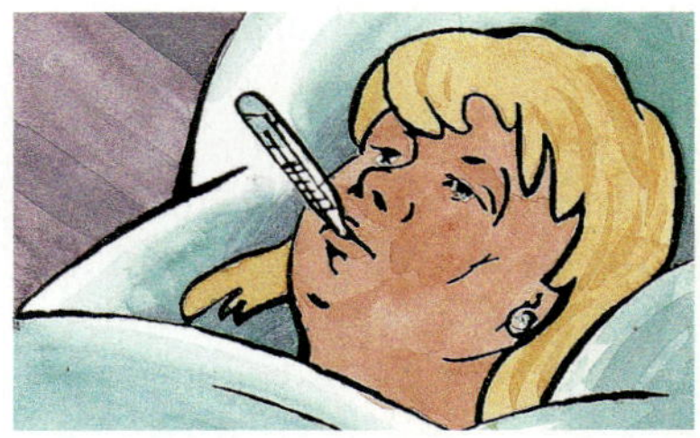
3
Lotte hat erhöhte Temperatur.

Durch Zufuhr von thermischer Energie kann die Temperatur eines Gegenstandes erhöht werden oder der Gegenstand zum Schmelzen gebracht werden.

Statt „thermische Energie zuführen“ wird auch einfach „erwärmen“ gesagt. „Wir erwärmen einen Gegenstand“ kann also beides bedeuten: Zufuhr von thermischer Energie *mit* oder *ohne* Temperaturerhöhung.
So wie man ähnliche Schwestern kaum unterscheiden kann, so kann man leicht die Begriffe Temperatur und thermische Energie verwechseln. Wenn wir sagen, „der Tee ist warm“, so meinen wir meist die Temperatur des Tees. Dagegen soll „der Pullover ist warm“ bedeuten, dass der Pullover die Abgabe thermischer Energie vermindert.

4
Zwillingsschwester Louise lässt sich von der Sonne wärmen.

Wenn du 1 l siedendes Wasser für den Tee brauchst, dann nützt es dir leider nichts, zweimal 0,5 l mit einer Temperatur von je 50 °C zusammenzugießen. Zwar hast du auf diese Weise 1 l Wasser in der Kanne, seine Temperatur beträgt aber nur 50 °C.
Um die Temperatur der beiden Wassermengen auf 50 °C zu erhöhen, wurde beiden die gleiche thermische Energie zugeführt. Die gesamte Energie ist nun in der Kanne: 1 l Wasser von 50 °C hat also die doppelte thermische Energie wie 0,5 l Wasser derselben Temperatur.
Die thermische Energie von zwei Wassermengen kann man einfach addieren, nicht aber die Temperaturen.

1 Eine Kaffeemaschine aus dem Schlaraffenland?

Thermische Energie unterwegs

Wenn du so richtig durchgefroren nach Hause kommst, freust du dich auf einen heißen Tee. Der wärmt von innen. Du hältst deine kalten Hände an die Heizung und bald werden sie wärmer sein. Oder du legst dir eine heiße Wärmflasche ins Bett. Wenn du dann später unter die Decke kriechst, ist es herrlich warm. Dafür ist nun die Wärmflasche nicht mehr heiß.

> Wenn zwei Gegenstände unterschiedlicher Temperatur sich berühren, geht thermische Energie vom wärmeren zum kälteren Gegenstand über.

Im Sommer will man manchmal das Gegenteil erreichen: Damit der Saft kühler wird, werden die Flaschen in einen Eimer mit Eiswürfeln gestellt. Nach einiger Zeit ist der Saft kälter als zuvor. Dafür ist aber das Eis geschmolzen.

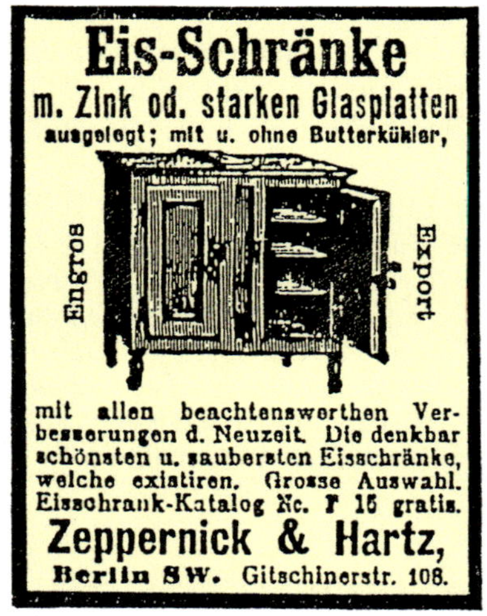

2 Früher wurden Kühlschränke mit richtigem Eis gefüllt.

> Ein Gegenstand, der andere Gegenstände erwärmt, verliert dadurch einen Teil der Fähigkeit, etwas zu erwärmen: Seine thermische Energie nimmt ab.
> Ein Gegenstand, der durch einen anderen erwärmt wird, nimmt thermische Energie auf.

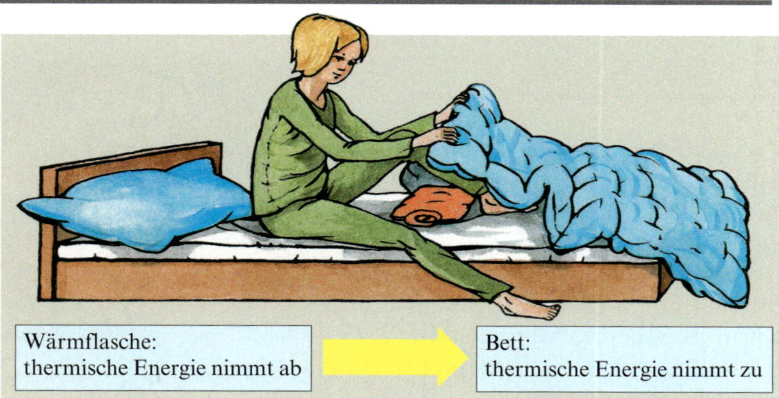

3 Die Wärmflasche wärmt das Bett und wird dabei kälter. Nach und nach verliert sie die Fähigkeit, das Bett zu wärmen. Und wenn das Bett so warm wie die Wärmflasche ist, wird es nicht mehr wärmer. Aber wenn du dann unter die Decke kriechst, wärmt dich das Bett. Und vielleicht reicht die thermische Energie der Wärmflasche noch, deine kalten Füße warm zu machen.

Thermische Energie kann man messen

Oft geht die Zufuhr thermischer Energie mit einer Temperaturerhöhung einher. Wenn man Wasser mit einem Gasbrenner erhitzt, wird thermische Energie zugeführt. Solange die Flamme unverändert brennt, ist die Zufuhr thermischer Energie gleichmäßig: In jeder Minute wird dem Wasser die gleiche thermische Energie zugeführt.

EXPERIMENT 4

1. Fülle ein Becherglas mit 1 l Wasser und miss die Temperatur. Erwärme das Wasser 5 min lang mit einem Gasbrenner. Miss jeweils im Abstand von einer Minute die Temperatur, notiere sie in einer Tabelle und zeichne ein Temperatur-Zeit-Diagramm!
2. Wiederhole das Experiment mit demselben Gasbrenner mit 0,5 l Wasser!
3. Wiederhole das Experiment mit 0,5 l Speiseöl!

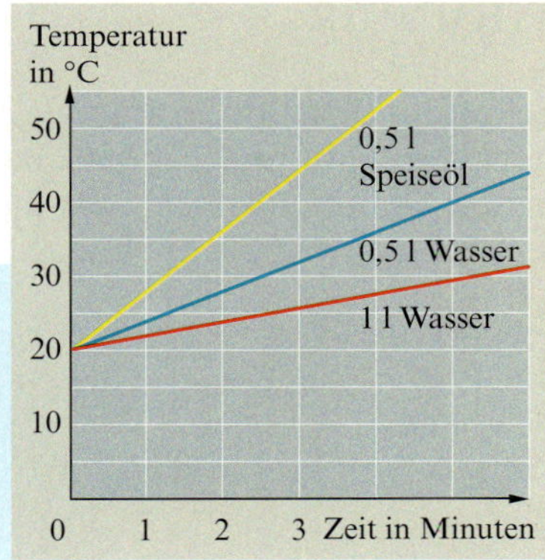

1

Die Temperatur des Wassers steigt gleichmäßig an: In der 2. Minute ist sie um 2 °C gestiegen, in der 3. Minute genauso viel und ebenso z. B. in der 5. Minute. Im zweiten Teil von Experiment 4 steigt die Temperatur in jeder Minute um etwa 4 °C an, also doppelt so viel. Weil der Brenner nicht verändert wurde, hat die Flamme dem Becherglas die gleiche thermische Energie zugeführt.

Bei gleichmäßiger Zufuhr von thermischer Energie steigt die Temperatur von Wasser gleichmäßig an.
Dieselbe thermische Energie bewirkt bei der halben Wassermenge die doppelte Temperaturerhöhung.

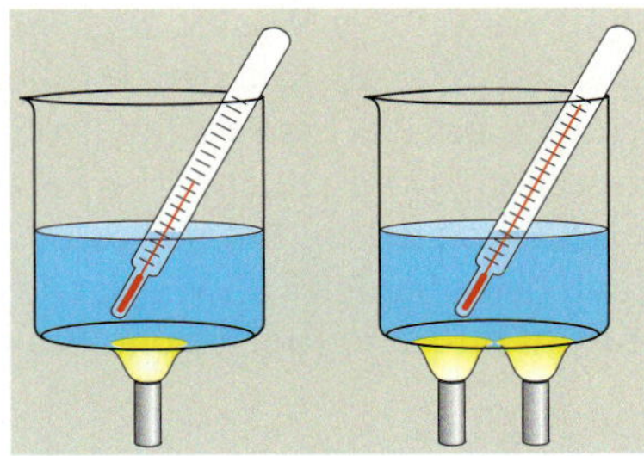

2

Doppelte Energiezufuhr bewirkt doppelte Temperaturerhöhung

Im dritten Teil von Experiment 4 steigt die Temperatur des Speiseöls deutlich stärker an als bei der gleichen Menge Wasser.

Dieselbe thermische Energie bewirkt bei verschiedenen Stoffen unterschiedliche Temperaturänderungen.

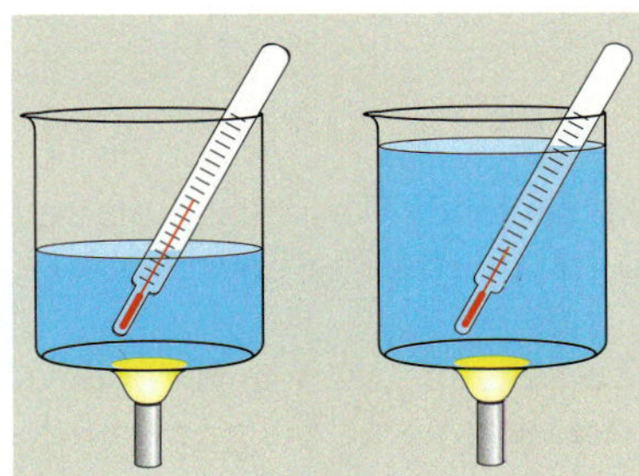

3

Trotz gleicher Energiezufuhr nur halbe Temperaturerhöhung

Weil beim Erwärmen von Flüssigkeiten Temperatur und thermische Energie gleichmäßig ansteigen, hat man vor mehr als 200 Jahren für die Einheit der Energie festgelegt: Um die Temperatur von 1 kg Wasser um 1 °C zu erhöhen, ist die Energie 1 Kilokalorie (1 kcal) nötig. Heute wird für die Energie die Einheit Kilojoule (kJ) benutzt.

Die Einheit der Energie ist Kilojoule.
Um die Temperatur von 1 kg Wasser um 1 °C zu erhöhen, wird eine Energie von etwa 4 kJ benötigt.

Das flüssige Blei in Experiment 1 (Seite 22) hat 1 l Wasser um etwa 1 °C erwärmt. Es hat dem Wasser also eine Energie von etwa 4 kJ zugeführt. Diese thermische Energie war zuvor in 100 g flüssigem Blei enthalten; sie war dem Blei mit der Flamme zugeführt worden.

Die Zufuhr von 4 kJ thermischer Energie erhöht die Temperatur von

1 kg	Wasser	um	1 °C
1 kg	Speiseöl	um	2 °C
1 kg	Glas	um	5 °C
1 kg	Porzellan	um	6 °C
1 kg	Stahl	um	9 °C
1 kg	Blei	um	32 °C
1 kg	Luft (1 m^3)	um	6 °C

Energiezufuhr ohne Temperaturerhöhung

Die Zufuhr thermischer Energie bewirkt nicht immer eine Temperaturerhöhung: In Experiment 3 hat der Gasbrenner nur etwas Eis im Wasser schmelzen lassen, aber die Temperatur blieb gleich. Wie viel thermische Energie braucht das Eis zum Schmelzen?

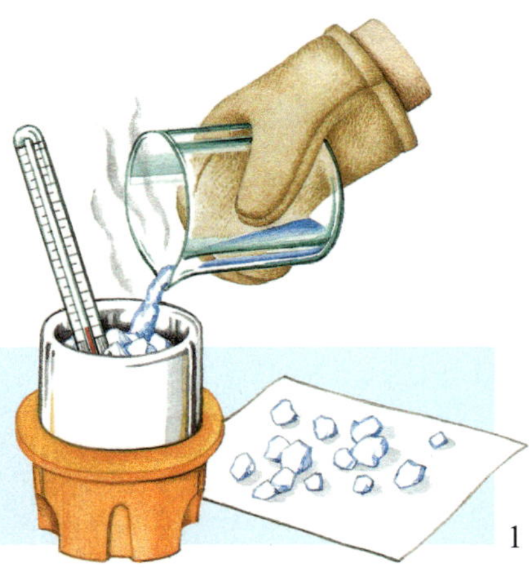
1

EXPERIMENT 5
Fülle 250 g zerkleinertes, trockenes Eis in ein Thermosgefäß. Bringe 250 g Wasser (also 250 ml) zum Sieden und gieße es auf das Eis.
Rühre bis sich das ganze Eis aufgelöst hat. Miss die Temperatur!

Nachdem das ganze Eis geschmolzen ist, befindet sich im Thermosgefäß etwa 500 g Wasser, das eine Temperatur von wenig über 0 °C hat. Das Wasser mit der Temperatur von 100 °C hat also gerade gereicht, um das Eis zu schmelzen. Tatsächlich ist dieselbe thermische Energie erforderlich, um 1 kg Eis zu schmelzen (die Temperatur bleibt bei 0 °C) oder 1 kg Wasser von 0 °C auf 80 °C zu erwärmen.
Auch beim Sieden von Wasser steigt die Temperatur nicht weiter an, obwohl dauernd thermische Energie zugeführt wird.

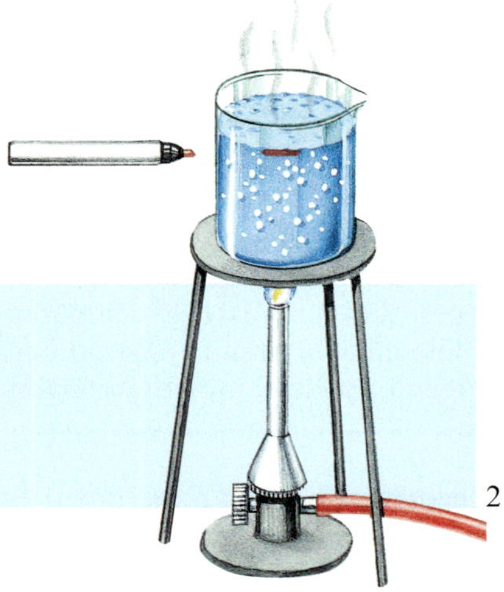
2

EXPERIMENT 6
Erwärme Wasser in einem Becherglas mit einem Gasbrenner bis es brodelnd siedet. Nimm kurz den Brenner weg und markiere den Wasserstand.
Lass das Wasser mindestens 10 min lang weiter sieden.
Überprüfe dann wieder den Wasserstand!

Das siedende Wasser dampft und wird nur ganz langsam weniger. Es ist viel thermische Energie nötig, um etwas Wasser zu verdampfen.

Zum Schmelzen von Eis und zum Verdampfen von Wasser ist sehr viel thermische Energie erforderlich. Die Temperatur ändert sich während des Schmelzens und Verdampfens nicht.

3

Um 1 kg Eis zu Wasser zu schmelzen, ist eine thermische Energie von 335 kJ erforderlich.

4

Um 1 kg Wasser zu verdampfen, ist eine thermische Energie von 2 260 kJ erforderlich.

AUFGABEN

1. Wie viel Kilogramm heißes, flüssiges Blei wären nötig, um die Temperatur von 100 l Badewasser um 5 °C zu erhöhen?
2. An einem warmen Frühlingstag schwimmen immer noch viele Eisschollen auf dem See. Welche Temperatur hat sein Wasser an der Oberfläche?

1

3. Beschreibe in der Sprache der Physik die folgenden Vorgänge möglichst vollständig: „Das Teelicht hält den Tee warm." „Im Eisfach des Kühlschrankes wird Wasser zu Eis."
4. Auch eine Kerze gibt thermische Energie an die Umgebung ab. In welcher Einheit könnte man die „Kerzenenergie" messen?
5. Welchen Weg nimmt die thermische Energie beim Bügeln und wo bleibt sie?
6. Fühle die Temperatur eines warmen Heizkörpers an verschiedenen Stellen. Wo ist er am wärmsten, wo am kältesten? Begründe!
7. Wenn ein Teelicht vollständig verbrennt, gibt es etwa 400 kJ thermische Energie ab. Um wie viel Grad könnte das Teelicht 1 l Wasser erwärmen, wenn die thermische Energie vollständig ins Wasser käme? Warum wird diese Temperatur nicht wirklich erreicht?
8. Was passiert, wenn heißer Tee (60 °C) in eine Tasse (20 °C) gegossen wird, mit Tasse und Tee? In welcher Tasse ist der Tee nach dem Eingießen wärmer, in einer Glas- oder in einer Stahltasse?
9. Wie viel Liter Wasser könnte man von 0 °C auf 100 °C mit der thermischen Energie erhitzen, die zum Verdampfen von 1 l Wasser nötig ist?
10. Welche thermische Energie ist nötig, um 1 kg Eis (0 °C) in Wasserdampf (100 °C) zu verwandeln?
11. Jemand behauptet: „Gegenstände von 0 °C haben keine thermische Energie." Wie kannst du nachweisen, dass das nicht stimmt?

ZUSAMMENFASSUNG

In der Physik wird zwischen Temperatur und thermischer Energie unterschieden.

Thermische Energie	**Temperatur**
Thermische Energie kann einem Gegenstand zugeführt oder entzogen werden.	Ein Gegenstand hat eine Temperatur, die erhöht oder erniedrigt werden kann.

Zwischen Gegenständen gleicher Temperatur erfolgt kein Austausch thermischer Energie.

Thermische Energien können addiert werden: Werden einem Gegenstand zweimal je 100 kJ zugeführt, dann erhält er 200 kJ.	Temperaturen können nicht ohne weiteres addiert werden: Wird in einen Topf zweimal 1 l Wasser mit 50 °C gegossen, sind 2 l mit 50 °C darin.
1 kg Eis von 0 °C enthält weniger thermische Energie als 1 kg Wasser von 0 °C .	Wasser kann als festes Eis und als flüssiges Wasser die Temperatur 0 °C haben.
Thermische Energien werden in kJ (Kilojoule) gemessen.	Temperaturen werden in °C (Grad Celsius) gemessen.

Mit einer Energie von 4 kJ kann die Temperatur von 1 kg Wasser um 1 °C erhöht werden.

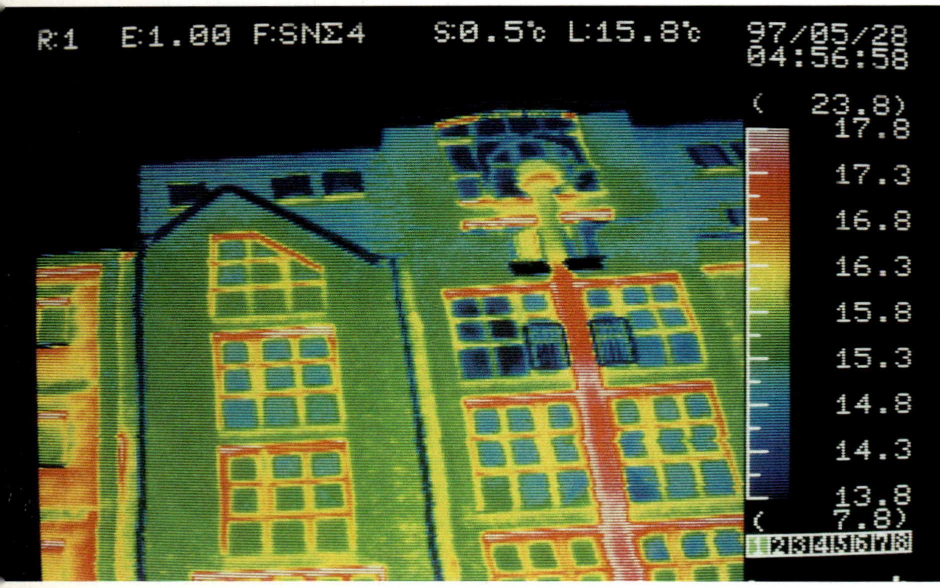

Dieses Haus wurde in den frühen Morgenstunden mit einer Spezialkamera fotografiert. Die Farben dieses Fotos zeigen nicht die Farben des Hauses, sondern die Temperatur der Außenwände, des Daches und der Fenster. Solche Bilder heißen Thermografien.
Jede Farbe entspricht einer bestimmten Temperatur.

1

Wie kommt die Wärme aus dem Haus?

Den ganzen langen Winter über muss geheizt werden. Leider reicht es nicht, einmal das Zimmer auf angenehme Temperatur zu erwärmen. Wenn die Heizung abgestellt ist, wird es schnell wieder kalt. Die dem Zimmer zugeführte thermische Energie wird wieder abgeführt. Wo bleibt sie?

EXPERIMENT 1

1. Baue dir aus einem Pappkarton ein kleines Haus. Hänge ein Zimmerthermometer so hinein, dass du die Temperatur durch ein „Fenster" ablesen kannst. Benutze als „Ofen" eine große Tasse mit Wasser. Lies die Temperatur ab, solange der Ofen noch kalt ist!
2. Heize nun, indem du heißes Wasser in die Tasse füllst. Schließe Türen und Fenster und warte etwa 5 Minuten. Lies dann die Temperatur im Haus ab. Beobachte die Temperatur bei offenem Fenster!
3. Heize den Ofen erneut, schließe das Fenster und umhülle das Haus mit Tüchern, einem Schal oder Pullover. Warte wieder fünf Minuten und lies dann die Temperatur ab. Notiere die Ergebnisse und versuche zu erklären!

2

Nachdem du das Haus eingehüllt, man sagt auch *isoliert* hast, ist die Temperatur innen deutlich höher als ohne Schal und Pullover. Der Ofen hatte in beiden Fällen die gleiche Temperatur, er konnte die gleiche thermische Energie liefern. Ohne die schützende Hülle geht ein Teil der thermischen Energie gleich verloren und trägt nicht zur Temperaturerhöhung im Haus bei; man erkennt es an der Temperatur im Haus. Die thermische Energie kann das Haus nur durch Wände, Decken und Fenster verlassen haben. Sind diese gut isoliert, bleibt mehr thermische Energie im Haus; die Temperatur ist höher.

EXPERIMENT 2
1. Stelle ein kleines Becherglas mit Wasser von 80 °C in ein Becken mit Wasser von 20 °C. Rühre in beiden Gefäßen regelmäßig um. Miss nach 10 min erneut die Temperatur im Becherglas.
2. Wiederhole das Experiment mit Wasser von 40 °C im Becherglas!

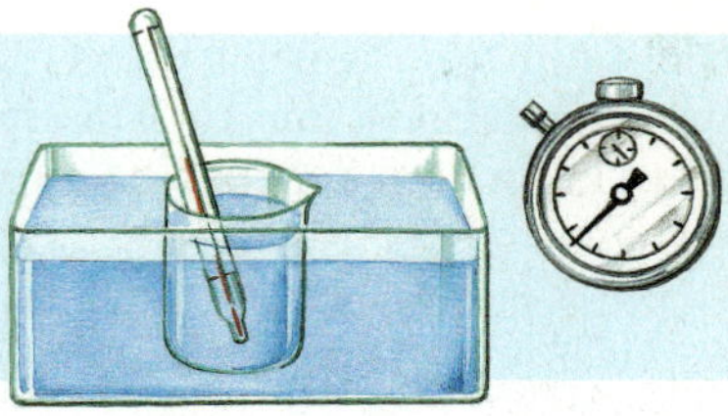
1

Die Temperatur im Becherglas nimmt schneller ab, wenn das Wasser darin heißer ist, wenn also der Temperaturunterschied zwischen innen und außen größer ist.
Im Experiment 2 gibt das heiße Wasser thermische Energie an die Wand des Becherglases ab. Das Glas leitet die Energie weiter und gibt sie an das kalte Wasser ab. Eine solche Energieübertragung zwischen Gegenständen, die einander berühren, wird als **Wärmeleitung** bezeichnet. Für die Wärmeleitung gilt:

Je größer der Temperaturunterschied zwischen zwei Gegenständen ist, desto schneller wird die thermische Energie übertragen.

Die thermische Energie, die das Haus verlässt, geht durch Wände, Dach und Fenster. Sie erhöht die Temperatur der Außenseite des Hauses, wie dies die Thermografie deutlich zeigt. Je höher die Temperatur der Außenseite ist, desto mehr Energie geht an die Umgebung verloren. Und desto mehr muss im Haus geheizt werden, wenn es warm bleiben soll. Eine gute Isolation vermindert die Temperatur an der Außenseite des Hauses, sie vermindert also den Verlust an thermischer Energie.
Wenn die Sommersonne die Temperatur der Hauswand erhöht, wird thermische Energie nach innen geleitet. Herrscht drinnen und draußen die gleiche Temperatur, wird keine Energie transportiert.

Schon gewusst?

Bei allen natürlichen Vorgängen gelangt thermische Energie vom wärmeren Gegenstand zum kälteren Gegenstand – genauer: von einem Gegenstand mit hoher Temperatur zu einem mit niedriger Temperatur.
Beim **Kühlschrank** ist das anders: Eine besondere Maschine (Wärmepumpe) sorgt dafür, dass den Lebensmitteln Energie entzogen wird. Ihre Temperatur nimmt ab. Die Energie wird zu den Kühlrippen auf der Rückseite des Kühlschrankes transportiert. Die Temperatur der Kühlrippen ist dann höher als die der Küchenluft – die thermische Energie kann an die Luft abgegeben werden.
Fällt einmal der Strom aus, funktioniert der Kühlschrank nicht mehr und die Lebensmittel nehmen wieder die Temperatur der Umgebung an.

Gute und schlechte Wärmeleiter

Thermografien von alten Häusern zeigen oft, dass die Fenster eine höhere Temperatur haben als die Wände: Durch Fensterglas geht mehr thermische Energie hindurch als durch ein Wandstück der gleichen Fläche, die thermische Energie hat einen „kurzen Weg“ von drinnen nach draußen. Aber liegt es nur an der Dicke des Gegenstandes oder leiten verschiedene Stoffe die Wärme unterschiedlich gut?

EXPERIMENT 3
An einem Kupferstab, einem Eisenstab und einem Glasstab sind Schrotkugeln mit Wachs befestigt. Die Stäbe werden gleichzeitig an den Enden erhitzt.

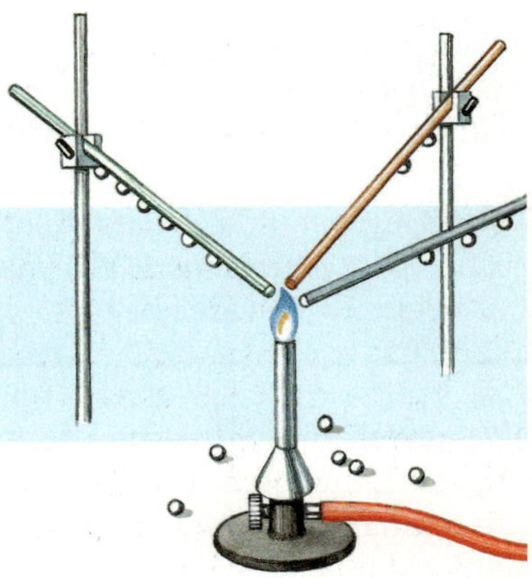
2

Die Schrotkugeln fallen nacheinander ab. Man kann deutlich „sehen“, durch welchen Stab die Energie schneller geleitet wird.

Nicht nur feste Körper leiten die thermische Energie vom warmen zum kalten Ende, auch in Flüssigkeiten gibt es Wärmeleitung. Allerdings kann man dabei eine Überraschung erleben.

EXPERIMENT 4
1. Stecke ein Stück Eis in ein Reagenzglas und klemme es am Boden mit einem Draht fest!
2. Fülle das Glas mit kaltem Wasser auf!
3. Erhitze das Reagenzglas am oberen Ende mit einer Kerzenflamme oder mit einem Gasbrenner bis das Wasser siedet!

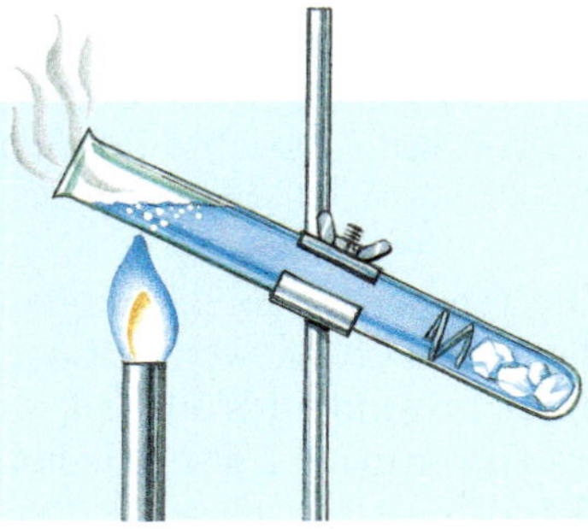
1

Das Wasser leitet die thermische Energie so langsam, dass es oben bereits siedet, während es unten noch Eis enthält!
Noch schlechter als Wasser leitet Luft die thermische Energie. In Styropor sind viele kleine Luftbläschen eingeschlossen. Ein gekühltes Getränk bleibt in einer Flasche mit Styropormantel lange kühl.

2

Unterschiedliche Stoffe leiten die thermische Energie unterschiedlich gut:
Metalle wie Silber, Kupfer und Stahl sind gute Wärmeleiter.
Wasser ist ein schlechter Wärmeleiter.
Luft, Styropor, Holz, Papier sind sehr schlechte Wärmeleiter.

Warum ist Eisen kalt und Holz warm?

Wenn in einem Raum schon lange dieselbe Temperatur geherrscht hat, haben alle Gegenstände im Raum genau diese Temperatur. Alle Temperaturunterschiede haben sich ausgeglichen.
Aber wenn du z. B. in der Küche die Spüle aus Metall berührst, fühlt sie sich viel kälter an als die hölzerne Stuhllehne, ein Trinkglas oder die Gardine.
Berührst du die Metallspüle, so wird die von der Hand kommende Energie schnell abgeführt und gleichmäßig verteilt. Die Spüle ändert dabei kaum ihre Temperatur. Sie kühlt unsere Haut und deshalb empfinden wir sie als kühl. Ein Holzbrett dagegen leitet die Energie bei Berührung schlecht weiter. Die Hauttemperatur wird kaum geändert. Das Holzbrett erscheint uns wärmer als die Metallspüle.

3

Für Gegenstände gleicher Temperatur, die kälter als unsere Haut sind, gilt: Der bessere Wärmeleiter fühlt sich kälter an als der schlechtere Wärmeleiter.

Die umgekehrte Situation kannst du erleben, wenn du einen Kuchen aus dem Backofen holen willst: Selbst wenn der Ofen schon lange ausgeschaltet ist, kannst du die Backform nicht mit der bloßen Hand herausnehmen.

4

EXPERIMENT 5
1. Lege einen Metall-, einen Kunststoff- und einen Holzlöffel in den elektrischen Backofen und stelle die Temperatur auf 50 °C ein. Bitte zuvor deine Eltern um Erlaubnis!
2. Warte mindestens 20 Minuten und versuche vorsichtig, die Löffel einzeln mit der bloßen Hand herauszuholen. Beschreibe die Unterschiede!

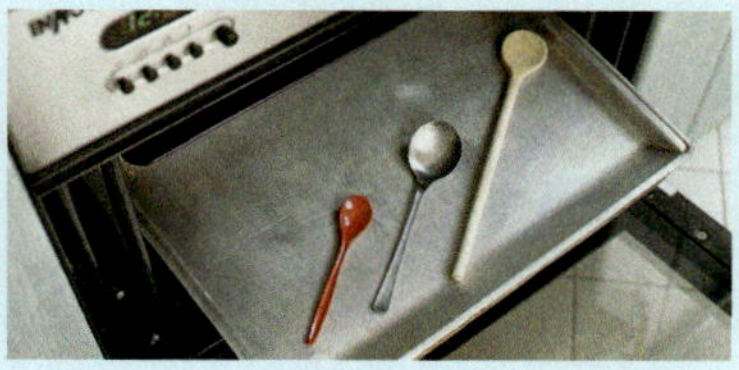
1

Der heiße Metalllöffel liefert die thermische Energie, die durch die Berührung in deine Hand übergeht, schnell nach. Deshalb erwärmt er die Haut stark. Auch der Holzlöffel gibt thermische Energie an die Haut ab, kann aber weitere Energie nicht schnell genug nachliefern: Das Holz kühlt an der Berührungsstelle ab. Holz kann man trotz hoher Temperatur berühren.

Für heiße Gegenstände mit gleicher Temperatur gilt: Der bessere Wärmeleiter fühlt sich heißer an als der schlechtere Wärmeleiter.

Schon gewusst?

Unsere Haut ist nicht gut geeignet, Temperaturen zu messen. Sie ist aber hervorragend geeignet, eine ungewöhnliche Abnahme oder Zunahme thermischer Energie zu registrieren.
Das ist sehr wichtig: Wenn du in einen kalten Raum kommst, muss sich dein Körper vor Energieverlust schützen, damit du dich nicht erkältest. Kaum spürt die Haut einen Energieverlust, beginnst du zu frieren. Dabei ändert dein Körper die Durchblutung und wärmt dich von innen.
Wenn das nicht reicht, musst du dich wärmer anziehen.

Wärmemitführung

In der Weihnachtszeit kannst du in vielen Schaufenstern und vielleicht auch bei euch zu Hause eine Weihnachtspyramide bewundern. Die Krippenfiguren sind mit dem Flügelrad durch eine Achse verbunden, die unten in einer Stahlspitze endet. Solange die Kerzen brennen, dreht sich das Flügelrad und nimmt die Figuren mit. Wo steckt hier der Motor? Was treibt das Flügelrad der Pyramide an?

EXPERIMENT 6
1. Schneide aus einem Stück Karton von der Größe einer Postkarte eine Schlange!
2. Stelle einen angespitzten Bleistift mit etwas Wachs senkrecht auf und setze die Mitte der Schlange darauf!
3. Stelle eine Kerze in sicherem Abstand darunter.
Die Schlange wird sich drehen.
Beobachte die Drehrichtung!

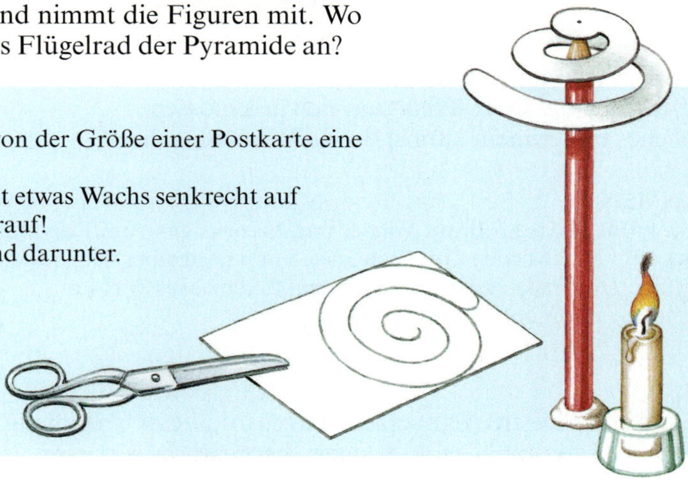
2

Über der Kerze steigt die erwärmte Luft auf. Sie trifft auf den schrägen Kartonstreifen (oder auf die schrägen Flügel der Weihnachtspyramide) und schiebt ihn zur Seite. Dadurch beginnen Schlange oder Flügelrad sich zu drehen.
Eine Luftströmung ist auch in einem geheizten Zimmer zu beobachten. Wenn du deine Schlange auf die warme Heizung stellst, dann wird sie sich ebenfalls drehen. Wo die aufsteigende Luft herkommt, und wo sie bleibt, kannst du in einem weiteren Experiment untersuchen.

EXPERIMENT 7

1. Stelle im Beisein eines Erwachsenen ein brennendes Teelicht dicht vor der warmen Heizung auf den Boden. Beobachte die Flamme genau!
2. Hänge ein Zimmerthermometer für mindestens 15 min dicht unter die Decke, vielleicht an die Lampe. Lies die Temperatur ab!
3. Lege das Thermometer ebenso lange auf den Boden und lies ebenfalls die Temperatur ab!

1

Die Flamme neigt sich sichtbar zur Heizung: Wie ein leichter Windzug strömt die Luft am Boden zur Heizung. An der Heizung wird die Luft erwärmt und steigt nach oben. Dort strömt die warme Luft in umgekehrter Richtung wie am Boden, also von der Heizung weg. Im Zimmer gibt sie thermische Energie an Decke, Wand und Möbel ab und sinkt dabei nach unten.

2

Am Boden angekommen ist die Luft deutlich abgekühlt und strömt wieder zur Heizung. Der „Kreis" hat sich geschlossen.
Ein ähnliches Experiment kannst du mit Wasser machen.

EXPERIMENT 8

Fülle ein großes Glasgefäß mit Wasser und heize es ganz am Rand mit einem kleinen Tauchsieder. Gib nach etwa 5 min gegenüber dem Tauchsieder einige Tropfen konzentrierte Lebensmittelfarbe ins Wasser.
Beobachte die Strömung des angefärbten Wassers!

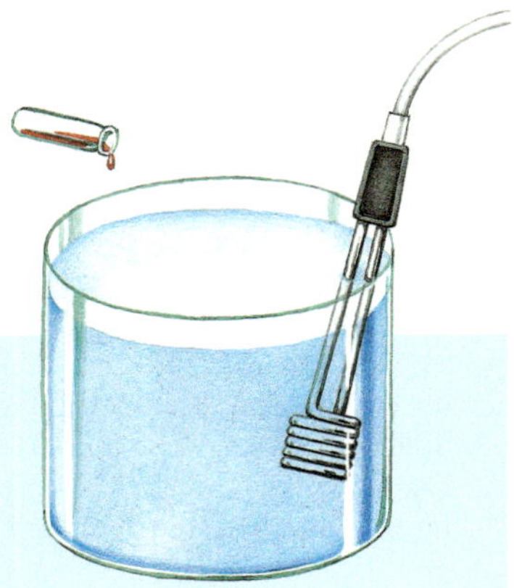
3

Luft und Wasser höherer Temperatur steigen in kälterer Umgebung (Luft bzw. Wasser) auf. Sie führen dabei thermische Energie mit.

Das erwärmte Wasser steigt nach oben wie ein untergetauchtes Stück Holz und treibt dadurch die Strömung an. Holz steigt in Wasser nach oben, weil es „leichter" ist als Wasser: 1 cm^3 Holz ist leichter als 1 cm^3 Wasser.
Ebenso ist 1 cm^3 heißes Wasser leichter als 1 cm^3 kaltes Wasser. Wenn du ein randvolles Gefäß erwärmst, fließt etwas Wasser über, weil sich Wasser bei Erwärmung ausdehnt. Das zurückbleibende Wasser hat zwar das gleiche Volumen, ist aber etwas leichter (Bild 4).

4

1 l heißes Wasser ist leichter als 1 l kaltes Wasser.

Wie kommt die Sonnenwärme zu uns?

Ein Osterfeuer lodert hoch in den Himmel. Von weitem sieht es aus wie eine riesige flackernde Kerzenflamme. Als das Buschwerk entzündet wurde, standen die Menschen noch dicht davor. Inzwischen hält es aber keiner mehr in der Nähe des Feuers aus.
Warum ist es neben dem Feuer so heiß?
Müsste nicht die thermische Energie wie bei der Kerze mit der heißen Luft nach oben steigen? – Und Wärmeleitung kann auch nicht der Grund sein, denn Luft ist ein sehr schlechter Wärmeleiter.
Ähnlich wie ein großes Feuer versorgt uns die Sonne mit thermischer Energie. Sie wärmt uns, obwohl sie 150 Millionen Kilometer entfernt und zwischen Sonne und Erde der leere Weltraum ist. Dabei handelt es sich um eine Energieübertragung, für die weder ein Kontakt noch ein Stofftransport zwischen den Gegenständen notwendig ist. Die thermische Energie wird durch **Wärmestrahlung** übertragen.
Nicht nur das Feuer und die Sonne senden Wärmestrahlung aus:

1

EXPERIMENT 9
Beleuchte einige Stücke Schokolade aus etwa 20 cm Entfernung 5 min lang mit einer Schreibtischlampe. Falte zuvor für ein Schokoladenstück einen „Sonnenschutz" und stülpe über ein zweites Stück ein kleines Trinkglas. Wickle ein drittes Stück in Aluminiumfolie, ein weiteres in dunkles Papier ein!
Welches Schokoladenstück wird am weichsten?

2

Durch die Wärmestrahlung der Lampe gelangt thermische Energie zur Schokolade. Die unverpackte Schokolade und auch das Stück im dunklen Papier werden weich. Die Stücke im Schatten und das Stück unter dem „Glasdach" bleiben fester. Die Aluminiumfolie schützt die Schokolade am besten vor der Wärmestrahlung.
Wenn du dir ein Stück Aluminiumfolie vor das Gesicht hältst, spürst du auch Wärme. Die Wärmestrahlung, die von deinem Gesicht ausgeht, wird von der Folie zurückgeworfen, man sagt auch *reflektiert*.

Alle Gegenstände senden Wärmestrahlung aus. Je höher ihre Temperatur ist, desto mehr thermische Energie geben sie ab.

Glas ist für Licht völlig durchlässig, nicht aber für die Wärmestrahlung. Die Strahlung von heißen Körpern kann das Glas nahezu ungehindert durchdringen. Die Strahlung, die von kälteren Körpern ausgeht, wird vom Glas kaum hindurchgelassen. Die Wärmestrahlung der heißen Sonne kommt also durch das Fenster in die Wohnung. Dort wird sie z. B. von einem dunklen Teppich aufgenommen, man sagt auch *absorbiert*.
Auch der Teppich sendet Wärmestrahlung aus. Aber von dieser Strahlung dringt fast nichts durch die Fenster nach außen. Die thermische Energie ist gewissermaßen „in die Falle" geraten. Solche Fallen für die Energie sind auch die Treibhäuser in Gärtnereien (Bild 3).

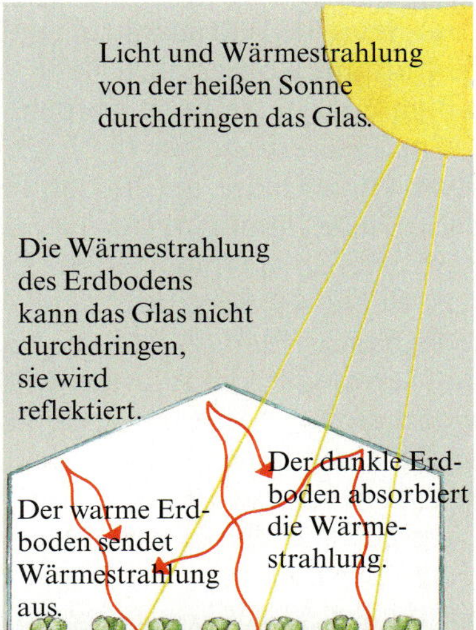

3

Ein Blick in die Natur

Luft ist der wärmste Mantel

1

2

Warum laufen Küken nicht nackt herum, sondern mit einem dicken Kleid aus weichen Flaumfedern? Warum würdest du sehr frieren, wenn du im Winter nur im Badeanzug nach draußen gingest?
Luft ist doch schließlich ein schlechter Wärmeleiter und damit ein sehr guter Schutz gegen Energieverlust. So geht in einer Minute durch eine 1 cm dicke Holzwand 9-mal so viel und durch eine 1 cm dicke Steinplatte 30-mal so viel thermische Energie hindurch wie durch eine 1 cm dicke Luftschicht.
Es ist aber nicht nur die Wärmeleitung, die den Verlust an thermischer Energie eines warmen Körpers bestimmt. Oft ist die Wärmemitführung viel wichtiger: An deinem Körper wird die Luft erwärmt und steigt deshalb nach oben. Sie nimmt die thermische Energie mit. Von unten strömt neue, kühle Luft nach. Auch sie wird erwärmt und nimmt wiederum thermische Energie von deinem Körper mit. Wegen der Wärmemitführung verlierst du und verliert ebenso jeder warme Gegenstand viel thermische Energie an die Umgebung.
Also muss die Wärmemitführung verhindert werden. Die isolierende Luft am Körper darf nicht aufsteigen können, sie muss festgehalten oder eingesperrt werden. Bereits deine nackte Haut besitzt kleine Hindernisse für die Luft: Fast am ganzen Körper hast du feine, kurze Haare, die die Luft festhalten und eine Strömung behindern. Puste einmal kräftig über deinen Handrücken! Die Haut wird kühl, weil du die festgehaltene Luftschicht und zugleich die thermische Energie „wegpustest".
Jedes Stück Kleidung hält die Luft darunter an deinem Körper fest und vermindert die Wärmemitführung. Besonders gut „wärmt" ein Wollpullover: Nicht nur unter ihm ist die Luft gefangen, auch zwischen seinen feinen Härchen wird die Luft gehalten.
Würde wohl ein Pullover aus feinster Stahl- oder Kupferwolle „wärmen"? Stahl ist ein guter, Kupfer ein noch besserer Wärmeleiter: Bei Pullovern aus solchem Material überwiegt die Wärmeleitung der Metallfasern gegen den Schutz vor Wärmemitführung. Im Kupferpullover würdest du frieren!

Im Vergleich zu einer Luftschicht geht durch gleich dicke und gleich große Platten aus ...

Glaswolle	2-mal
Papier	5-mal
Holz	9-mal
Wasser	23-mal
Glas	32-mal
Eisen	2 000-mal
Aluminium	9 100-mal
Kupfer	15 000-mal

... so viel thermische Energie hindurch.

3

Ein Kupferpullover gegen Kälte?

Ein Luftmantel für das Haus

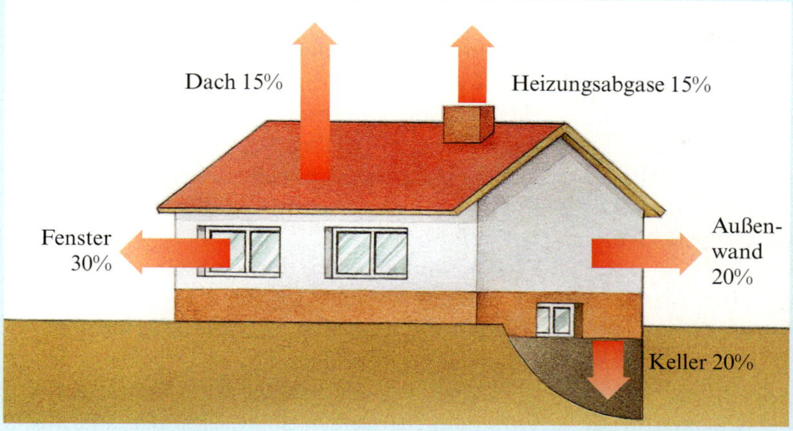

1

2

Ein geheiztes Haus verliert durch Wand, Dach, Keller und Fenster thermische Energie an die kühlere Umgebung (Bild 1). Luft wäre auch hier der beste Isolator. Aber auf Wände aus Luft kann man kein Dach setzen. Dennoch gilt: Je mehr Luft die Wand enthält, desto besser wird die Wärmeisolation sein. Moderne Ziegel enthalten tausende kleine Luftblasen.

Häufig werden doppelschalige Wände, also zwei dünnere Wände nebeneinander, gebaut. Die Luft dazwischen isoliert, allerdings muss auch hier eine Wärmemitführung verhindert werden: Der Zwischenraum wird mit Steinwolle gefüllt (Bild 2). Ganz ähnlich werden Dächer isoliert.

Einen zusätzlichen Mantel können Kletterpflanzen bilden: Sie halten die Luft an der Hauswand fest und vermindern daher die Wärmemitführung.

Auch bei Fenstern hat man schon vor 100 Jahren Luft als zusätzlichen Isolator genutzt: Zwischen den Scheiben der Doppelfenster bildet die Luft einen Schutz. Allerdings gerät die Luft wie im geheizten Zimmer in Bewegung: Sie wird an der Innenscheibe erwärmt, steigt auf, fällt an der kalten Außenscheibe herab und kühlt sich dabei ab – ein perfekter Energietransport durch Wärmemitführung. Bei modernen Doppel- oder Dreifachscheiben (Bild 3) ist der Abstand zwischen den Scheiben so gering, dass die Bewegung der Luft verhindert wird. Deshalb isolieren sie viel besser als Doppelfenster.

Nicht nur durch Wärmeleitung und Wärmemitführung verliert ein Haus thermische Energie, sondern auch durch Wärmestrahlung. Zwar hält Fensterglas einen großen Teil der Wärmestrahlung im Raum, ein gewisser Anteil geht jedoch hindurch. Eine besondere Beschichtung auf der Innenseite der Scheibe kann bewirken, dass die Wärmestrahlung besser reflektiert wird. Solche Fenster sind dann Spiegel für die Wärmestrahlung, aber durchlässig für Licht.

Bürotürme mit großen Fensterfronten haben solche Beschichtungen an der Außenseite der Fenster, damit sich die Büroräume bei Sonnenschein nicht zu sehr aufheizen (Bild 4).

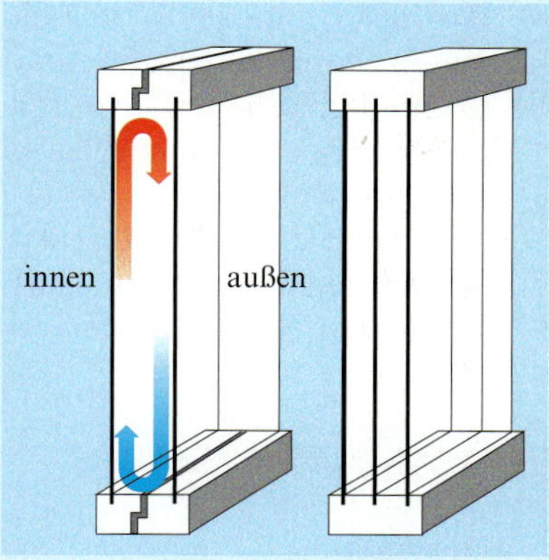

3

Bei engen Zwischenräumen kann keine Luftzirkulation entstehen.

4

AUFGABEN

1. Wenn bei euch zu Hause das nächste Mal Kuchen gebacken wird, dann lege ein zusammengeknülltes Blatt Papier mit in den Backofen. Du kannst es selbst bei 200 °C mit der bloßen Hand aus dem Ofen holen. Erkläre warum!
2. Auf der Packung einer Fertigpizza steht: „15 min im Backofen bei 225 °C oder 10 min im Umluftherd bei 225 °C backen." Erkläre den Unterschied!
3. Was würde passieren, wenn der Heizkörper statt unter der Fensterbank an der Zimmerdecke angebracht wäre?
   Mache ein entsprechendes Experiment mit einem Tauchsieder in einem Wassertopf, beschreibe und erkläre!
4. Worin besteht der Unterschied zwischen zwei gleich warmen Räumen, wenn der eine von einem kleinen heißen Ofen, der andere von einem großen nur mäßig warmen Heizkörper erwärmt wird?
5. Untersuche im Winter mit einem digitalem Außenthermometer die Lufttemperatur in verschiedenen Schichten deiner Kleidung!
6. Untersuche genau (aber vorsichtig) eine brennende Kerze. Beschreibe, wie und an welchen Stellen du Wärmemitführung, Wärmeleitung und Wärmestrahlung beobachten kannst!
7. Bastle zwei Schlangen gemäß Experiment 6, die sich in entgegengesetzte Richtungen drehen. Erkläre die Drehrichtungen!
8. In der Sauna herrschen manchmal Temperaturen von über 100 °C.
   a) Warum kann dies der Mensch aushalten?
   b) Warum kann man dort Holz berühren, während man sich an Metall verbrennt?
9. Wickle eine Hand in Haushalts-Aluminiumfolie und lass die andere frei. Spürst du den Unterschied? Beschreibe möglichst genau!
10. Warum sollen Unfallopfer in verspiegelte Rettungsfolie gewickelt werden?
11. Berühre verschiedene Gegenstände in der Küche, zum Beispiel die Spüle, ein Trinkglas, die Gardine und einen Holzstuhl. Lege eine Tabelle an und ordne die Gegenstände nach dem „Wärmeeindruck" bei Berührung!
12. Oft hört man „Wärme steigt immer nach oben." Nenne Beispiele, wo das nicht zutrifft!

ZUSAMMENFASSUNG

Wärmeleitung
Energieübertragung zwischen Gegenständen, die einander berühren.

Wärmemitführung
Energieübertragung durch Transport erwärmter Flüssigkeiten oder Gase.

Wärmestrahlung
Energieübertragung ohne Berührung und ohne Stofftransport.

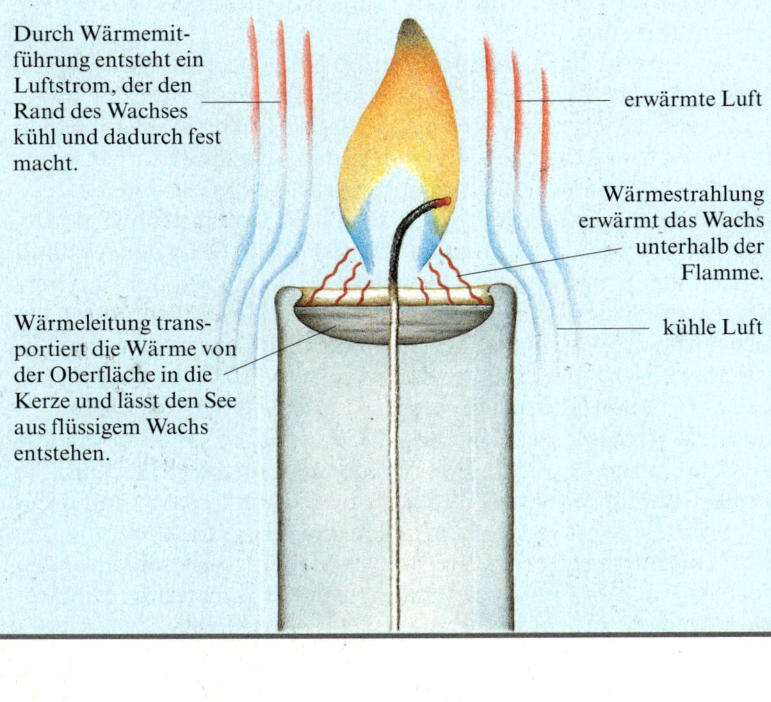

Elektrischer Strom

Könntest du dir auch nur einen Tag ohne den elektrischen Strom vorstellen? Wenn es gerade Winter wäre, müsstest du im Dunkeln aufstehen, bei Kerzenlicht und ohne Radio frühstücken. Den Weg zur Schule müsstest du im Dunkeln finden, denn die Straßenlaternen können ohne elektrischen Strom nicht leuchten. Auch viele weitere Beispiele machen deutlich, wie sehr der elektrische Strom unser Leben bestimmt.

Du darfst keines der folgenden Experimente zu Hause mit der Steckdose wiederholen. Das wäre lebensgefährlich! Auch ein sorgloser Umgang mit elektrischen Haushaltsgeräten kann sehr gefährlich sein!

Sicher hast du schon einmal bei einer elektrischen Taschenlampe die Batterien oder die Glühlampe ausgewechselt. Wenn du das Gehäuse öffnest, siehst du eine Fassung, in welche du die Glühlampe einschraubst und einen Hohlraum, in den du mehrere Monozellen einlegst. Hinzu kommt noch ein Schalter.
Wenn du die Glühlampe fest eingedreht und die Batterien richtig eingelegt hast, brauchst du nur noch auf den Schalter zu drücken und die Glühlampe leuchtet auf. Es fließt ein elektrischer Strom.

1

Aufbau von Stromkreisen

In einem Experiment kannst du ebenfalls eine Lampe zum Leuchten bringen. Das soll aber keine gekaufte Taschenlampe sein, du sollst deine Lampe vielmehr aus einzelnen Bauteilen zusammensetzen. Das sind eine Batterie, eine Glühlampe (mit Fassung und Anschlüssen), Leitungen und ein Schalter.

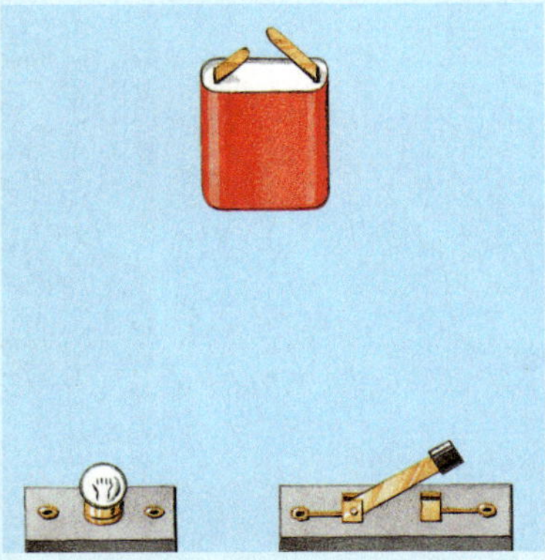

2

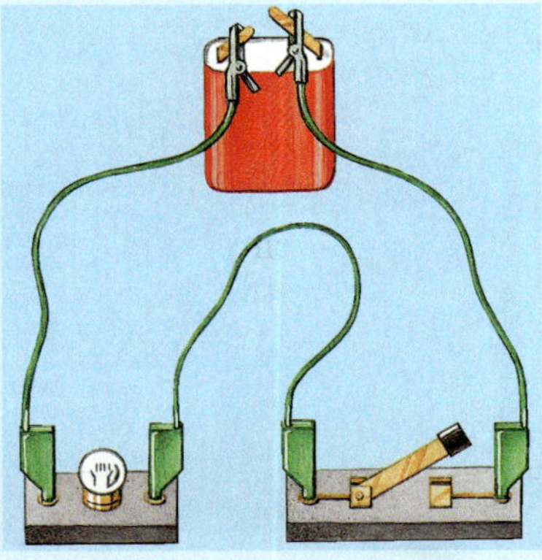

3

EXPERIMENT 1

1. Ordne die einzelnen Bauteile etwa wie im Bild 2 an!
2. Verbinde sie dann mit Leitungen wie im Bild 3! Zum Befestigen der Leitungen an der Batterie eignen sich sogenannte Krokodilklemmen.
3. Schließe den Schalter!

Wenn du alles richtig geschaltet hast, leuchtet die Glühlampe beim Schließen des Schalters auf.
Natürlich kannst du in einem solchen Experiment auch andere Bauteile verwenden. So kannst du etwa die Batterie durch ein elektrisches Netzgerät aus der Physiksammlung ersetzen und die Glühlampe gegen einen kleinen Motor austauschen. Ebenso kannst du verschiedene Schalter ausprobieren oder den Schalter auch einmal ganz weglassen.

Aus solchen Experimenten wird deutlich:

- Damit ein elektrischer Strom fließen kann, braucht man eine elektrische Quelle. Das kann zum Beispiel eine Batterie, ein Netzgerät oder eine Solarzelle sein. Dazu kommt ein elektrisches Gerät. Das kann zum Beispiel eine Glühlampe, ein Motor oder eine Klingel sein. Außer der Quelle und dem Gerät benötigt man noch Leitungen für den elektrischen Strom.
- Leitungen müssen die elektrische Quelle und das elektrische Gerät zu einem Kreis verbinden.
  Das heißt: Es muss stets eine Leitung von einem Anschluss der Quelle zu einem Anschluss des Gerätes führen und eine weitere Leitung muss vom anderen Anschluss des Gerätes zum zweiten Anschluss der Quelle zurückführen.

Eine solche durchgehende Verbindung von der elektrischen Quelle zu einem elektrischen Gerät und von diesem zurück zur Quelle nennt man einen **elektrischen Stromkreis**.
Vielfach ist es günstig, in den Stromkreis noch einen Schalter einzubauen. Mit diesem kann man den Stromkreis unterbrechen oder schließen.

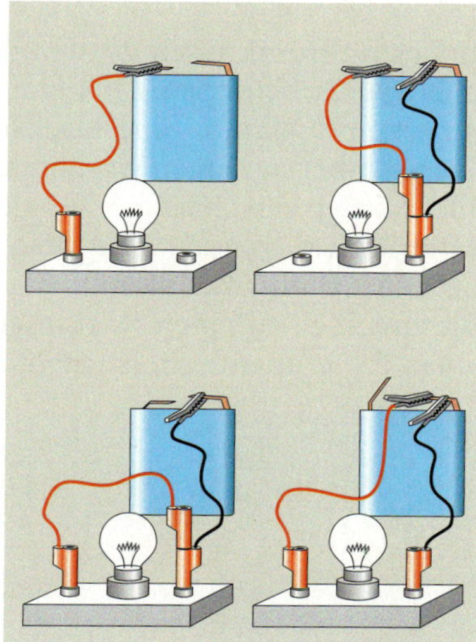
1
Hier kann kein Strom fließen.

Ein elektrischer Stromkreis besteht aus einer elektrischen Quelle, einem elektrischen Gerät und Leitungen.
Ein elektrischer Strom fließt nur in einem geschlossenen elektrischen Stromkreis.

Schaltskizzen. Stromkreise gibt es in unserer Umgebung überall. Zum Beispiel führen in der Wohnung die Kabel vom Sicherungskasten zu Steckdosen, Schaltern und weiteren Anschlüssen.
Bevor man für ein Experiment einen Stromkreis aufbaut, zeichnet man den Stromkreis auf. Wirklichkeitsgetreue Bilder von elektrischen Stromkreisen sind schwer zu zeichnen und können sehr unübersichtlich werden (Bild 2). Einfacher ist es, elektrische Stromkreise in Form von Schaltskizzen darzustellen (Bild 4).
In solchen Schaltskizzen werden Leitungen durch gerade Linien dargestellt. Eine Verbindung zwischen zwei Leitungen wird als Punkt gezeichnet. Für elektrische Geräte benutzt man vereinbarte Schaltsymbole.

2

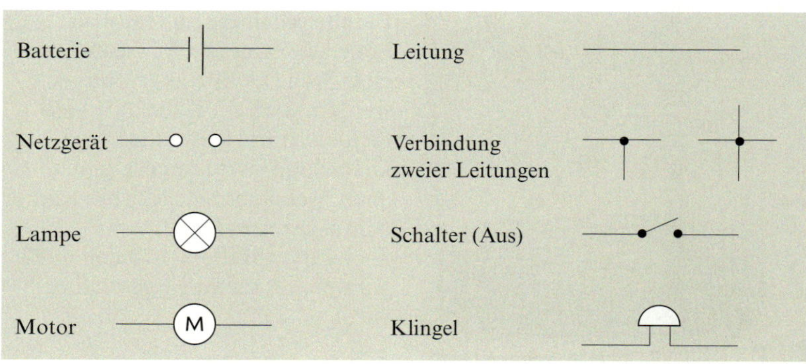

3
Einige Schaltsymbole

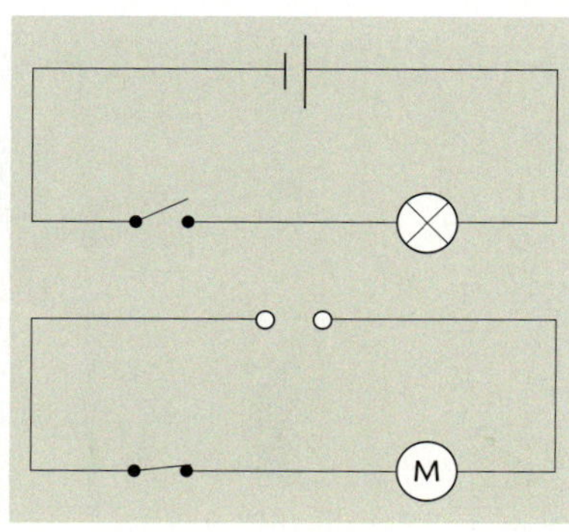

4
Einfache Schaltskizzen

Reihen- und Parallelschaltung

In vielen Stromkreisen werden mehrere Geräte mit einer elektrischen Quelle betrieben. Ein Fahrrad hat Vorder- und Rücklicht, aber nur einen Dynamo. Eine Deckenleuchte hat meist mehrere Glühlampen, aber nur einen Anschluss an das Stromnetz.
Bild 1 zeigt verschiedene Möglichkeiten, zwei Lampen mit einer Batterie zu verbinden. Die linke Schaltung heißt Reihenschaltung, die rechte Parallelschaltung.
Die unterschiedlichen Wirkungen der Schaltungen kannst du in einem Experiment untersuchen.

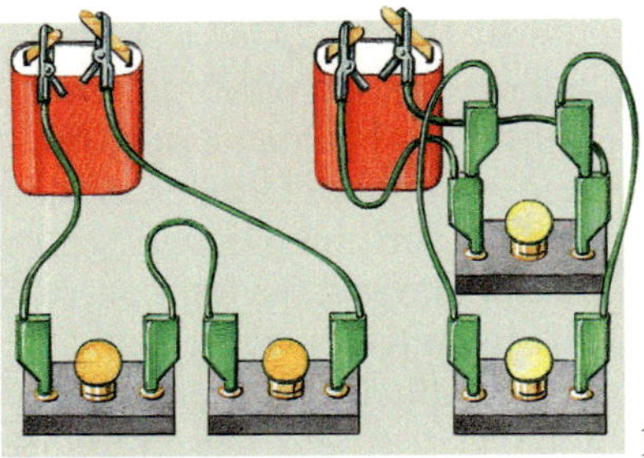
1

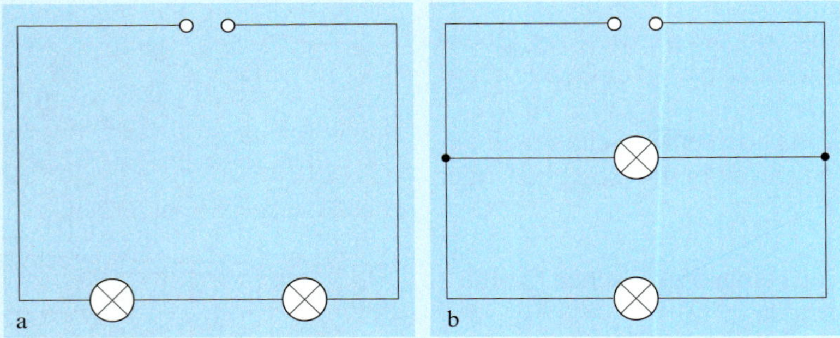

2

EXPERIMENT 2
1. Baue den Stromkreis nach Bild 2a auf! Welche Lampen leuchten? Was geschieht, wenn du eine der beiden Lampen herausschraubst?
2. Baue den Stromkreis nach Bild 2b auf! Welche Lampen leuchten? Was geschieht, wenn du eine der beiden Lampen herausschraubst?

In einer Reihenschaltung fließt der elektrische Strom „der Reihe nach" durch beide Lampen. Wenn eine Lampe locker oder defekt ist, entsteht eine Lücke im Stromkreis. Dann leuchtet auch die andere Lampe nicht mehr.
In einer Parallelschaltung verzweigt sich der elektrische Strom. Die Teilströme fließen „parallel" zueinander durch beide Lampen. Wenn eine Lampe locker oder defekt ist, leuchtet die andere dennoch.
Noch ein weiterer Unterschied wird dir im Experiment 2 aufgefallen sein: In der Parallelschaltung leuchten die Lampen mit normaler Helligkeit, in der Reihenschaltung dagegen viel schwächer. Würdest du noch eine dritte Lampe einschalten, würde sich die Helligkeit der parallel geschalteten Lampen wiederum nicht ändern, während die in Reihe geschalteten Lampen noch schwächer oder gar nicht mehr leuchten würden.

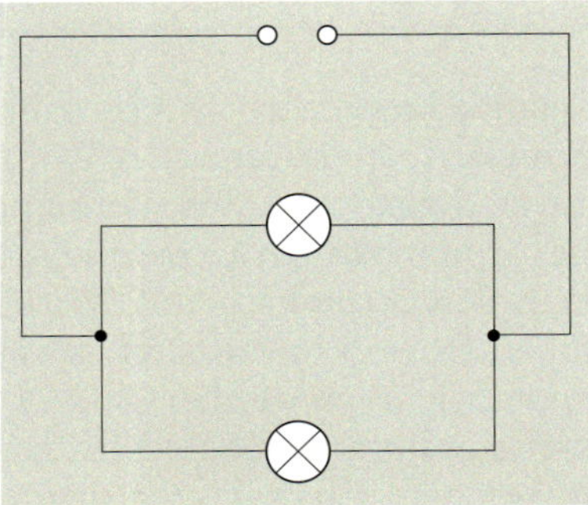
3

Die Schaltskizze einer Parallelschaltung kann auch so aussehen.

4

Parallelschaltung im Haushalt:
Sollen an einer Steckdose mehrere elektrische Geräte angeschlossen werden, wird ein Kabel mit Vielfachanschluss verwendet.
Die Schreibtischlampe leuchtet auch, wenn der Stecker vom Radio herausgezogen wird.
Sie wird nicht dunkler, wenn noch ein weiteres Gerät eingeschaltet wird.

Schalter in Stromkreisen

1

Verschiedene Schalter. Wenn du dir zu Hause die Schalter für die Klingel, die Deckenbeleuchtung, den Föhn, die Geschirrspülmaschine oder für den CD-Spieler genauer ansiehst, entdeckst du einige Unterschiede. Manche musst du drücken, andere drehen, kippen oder schieben. Noch andere kannst du mit dem Fuß bedienen.
Die folgende Übersicht zeigt die Funktionsweise verschiedener Schalter, sie heißen Tastschalter, Stellschalter und Umschalter. Sie haben eigene Schaltsymbole. Für die Schalter gibt es typische Anwendungen.

Tastschalter

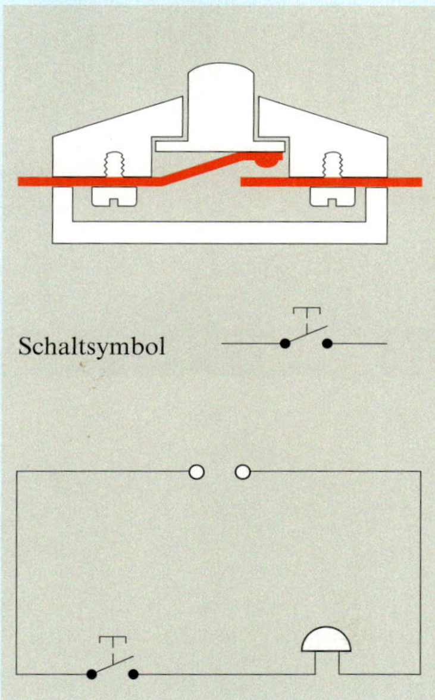

2

Ein Tastschalter schließt einen Stromkreis nur so lange, wie der Tastschalter gedrückt bleibt.

Beispiele:
Klingel
Handbohrmaschine

Stellschalter

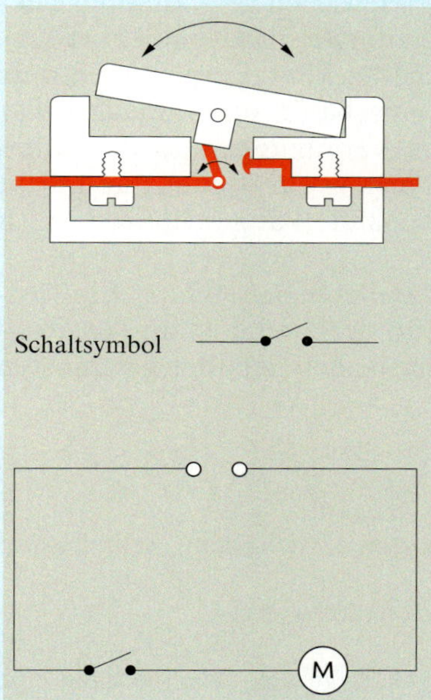

3

Ein Stellschalter schließt einen Stromkreis so lange, bis der Stellschalter wieder geöffnet wird.

Beispiele:
Staubsauger
Wohnraumleuchte

Umschalter

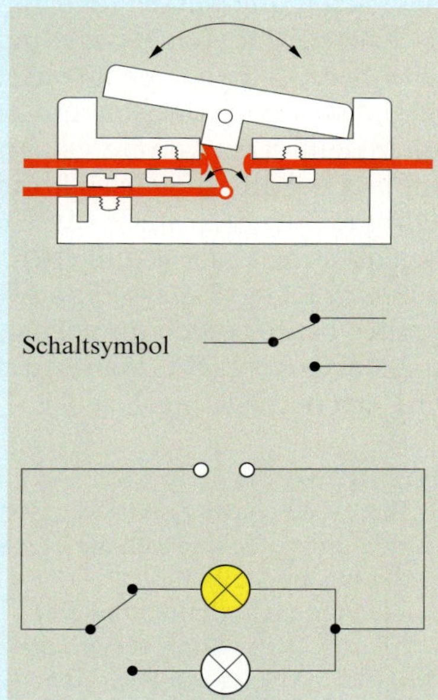

4

Mit einem Umschalter kann man von einer Lampe auf eine andere umschalten.

Beispiel: Wechsel der Leuchttafeln „Bitte warten" und „Der Nächste bitte"

Stromkreise mit zwei Schaltern. Es gibt bei euch zu Hause elektrische Geräte, die mit einem Schalter eingeschaltet werden. Beispiele hierfür sind die Tischlampe, der Fernseher und der Walkman. Andere Geräte haben zwei Schalter, von denen du aber meist nur einen Schalter bedienen kannst. Der zweite Schalter schließt und öffnet sich, ohne dass du ihn direkt berührst.
Ein Beispiel ist die Backröhre (Bild 5). Mit Schalter 1 schaltest du das Backprogramm ein. Öffnest du die Röhre, dann gibt die Tür den Schalter 2 frei. Dieser unterbricht den Stromkreis. Eine solche Schaltung kannst du in einem Experiment genauer untersuchen.

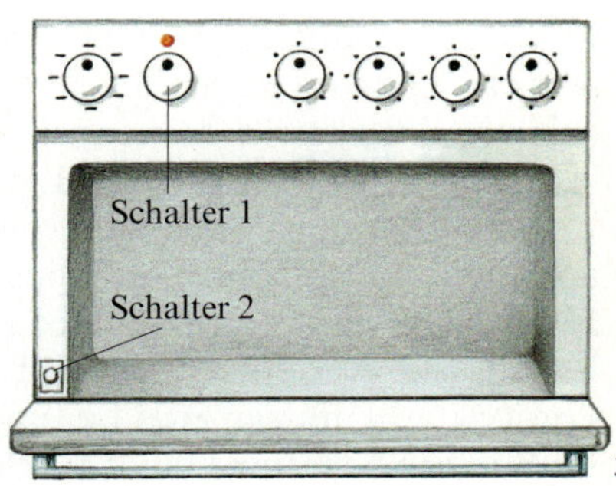

5

EXPERIMENT 3
1. Baue die Schaltung nach der Schaltskizze auf!
2. Wie unterscheidet sich die Eigenschaft der Schaltung, wenn du statt der zwei Stellschalter
   a) einen Stellschalter und einen Tastschalter einbaust oder
   b) zwei Tastschalter verwendest?

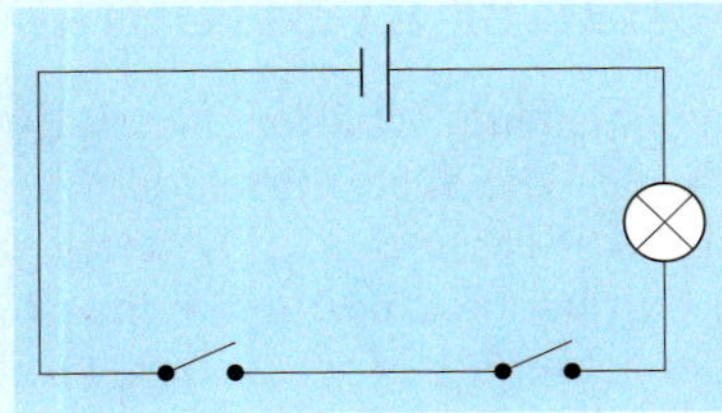
1

Bei einer solchen Schaltung kann ein elektrischer Strom nur fließen, wenn Schalter 1 *und* Schalter 2 geschlossen sind. Deshalb heißt diese Schaltung **UND-Schaltung**. Die beiden Schalter sind „in Reihe" angeordnet.
Diese Schaltung wendet man an, um Menschen vor Gefahren elektrisch betriebener Geräte zu schützen, zum Beispiel bei einem Mikrowellenherd. Gäbe es hier nur einen Schalter, könnte es passieren, dass jemand den Mikrowellenherd erst einschaltet und danach etwas hineinstellt. Das könnte zu ernsten Verletzungen an der Hand führen. Deshalb ist in den Türmechanismus ein zweiter, meist nicht sichtbarer Schalter eingebaut. Erst wenn die Tür geschlossen ist, ist auch dieser Schalter geschlossen.
Auch eine Klingelanlage kann zwei Schalter haben (Bild 2). Ein Tastschalter befindet sich an der Haustür, der zweite ist an der Wohnungstür angebracht. Wenn einer der beiden Schalter geschlossen wird, ertönt die Klingel.

2

EXPERIMENT 4
1. Baue die Schaltung nach der Schaltskizze auf!
2. Wie unterscheiden sich die Eigenschaften der Schaltung, wenn du statt der beiden Stellschalter
   a) einen Stellschalter und einen Tastschalter einbaust,
   b) zwei Tastschalter verwendest?
3. Baue die Schaltung zu einer Klingelanlage um. Zeichne dazu eine Schaltskizze!

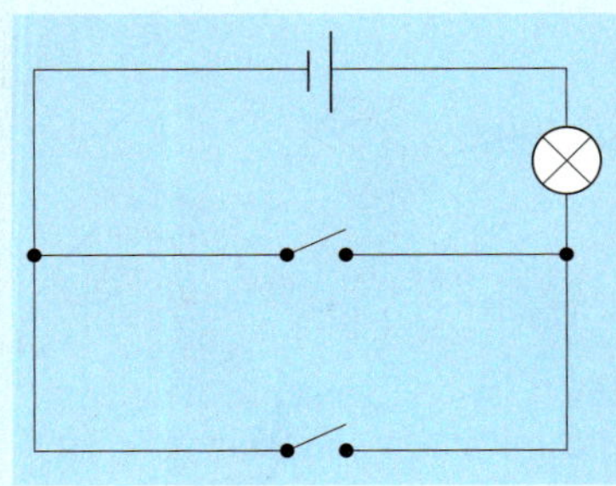
3

Bei einer solchen Schaltung fließt ein elektrischer Strom bereits dann, wenn nur Schalter 1 *oder* nur Schalter 2 geschlossen ist. Deshalb heißt diese Schaltung **ODER-Schaltung**. Die zwei Schalter sind „parallel" angeordnet.
In einem Durchgangszimmer kann die Beleuchtung mit zwei Schaltern ein- oder ausgeschaltet werden. Wer z. B. das Zimmer im Dunkeln von links betritt, kann dort das Licht einschalten und beim Verlassen des Zimmers rechts das Licht wieder ausschalten. Er kann das Zimmer aber auch nach links wieder verlassen und dort das Licht ausschalten. Das heißt, man kann zwischen den Schaltern „wechseln". Der Stromkreis in einem solchen Zimmer kann zwei Umschalter enthalten. Sie werden wie im Bild 4 eingebaut. Zwischen den zwei Umschaltern müssen zwei Leitungen verlegt werden.
Eine solche Schaltung heißt **Wechselschaltung**.

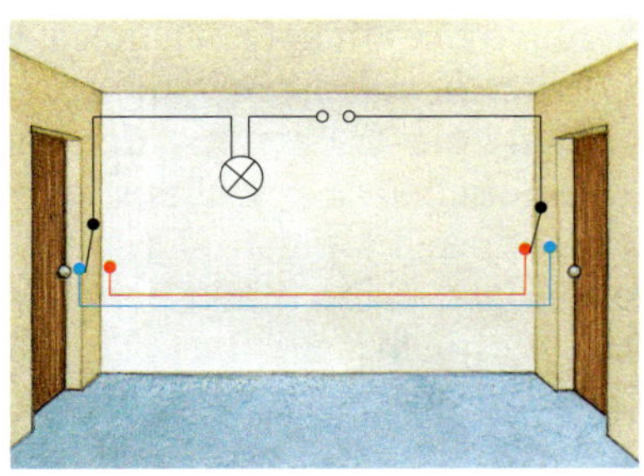
4
Wechselschaltung

AUFGABEN

1. Welche elektrischen Quellen kennst du? Welche davon benutzt ihr in eurer Wohnung?
2. Beschreibe was geschieht, wenn jeweils die Lampen 1, 2 oder 3 defekt sind!

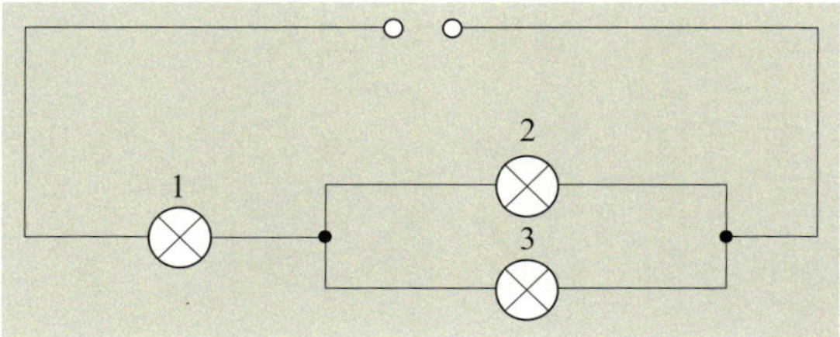

1

3. Welche Schaltung würdest du für das Schließen des Stromkreises bei einem Fahrstuhl auswählen, eine UND-Schaltung oder eine ODER-Schaltung? Zeichne die Schaltskizze!
4. Nachts muss der Fahrer eines Pkw häufig zwischen Fernlicht und Abblendlicht wechseln. Wie könntest du eine vereinfachte ähnliche Schaltung aufbauen?
   Nutze als Fernlicht eine helle Lampe, als Abblendlicht eine schwächere. Zeichne die Schaltskizze!
5. Notiere Geräte in eurer Wohnung (besonders in Küche und Bad), die eine UND-Schaltung haben! Wo befinden sich die zwei Schalter?
6. An Fußgängerampeln kann man selbst das Signal von „Grün“ auf „Rot“ umstellen.
   a) Zeichne die Schaltung, die dafür geeignet ist!
   b) Prüfe deine Idee!
7. In einem ICE-Reisewagen zeigt eine Leuchttafel an, ob ein WC frei oder besetzt ist.
   a) Entwirf die Schaltung für einen solchen Stromkreis!
   b) Prüfe deine Idee!
8. Baue den Stromkreis von Bild 2 auf! Welcher Schalter muss geschlossen sein, damit a) Lampe 1 und b) Lampe 2 leuchtet? Kann Lampe 2 allein leuchten? Begründe deine Antworten!

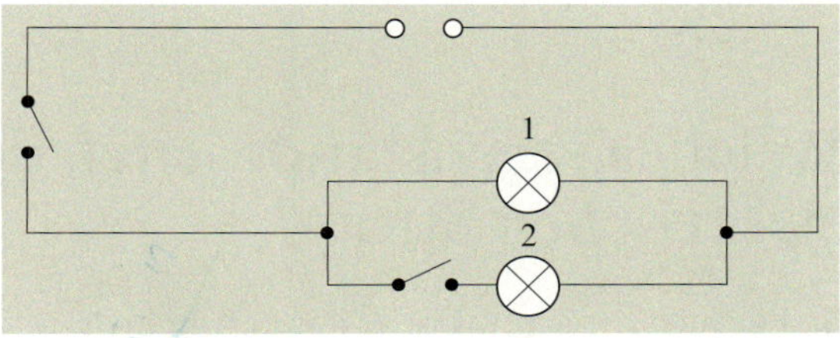

2

ZUSAMMENFASSUNG

Stromkreis. Ein Stromkreis besteht aus einer elektrischen Quelle, einem elektrischen Gerät und Leitungen.
Ein elektrischer Strom fließt nur in einem geschlossenem Stromkreis.

Reihenschaltung
Der gesamte elektrische Strom fließt durch beide Geräte.

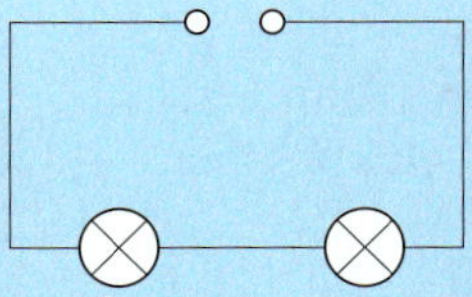

Parallelschaltung
Der elektrische Strom verzweigt sich in zwei Teilströme.

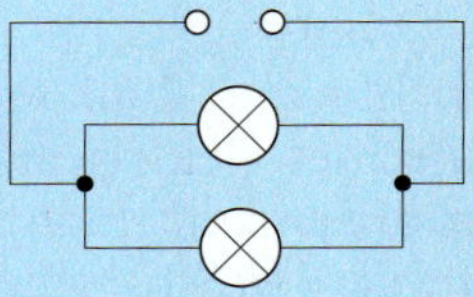

UND-Schaltung
Ein elektrischer Strom fließt nur dann, wenn Schalter 1 *und* 2 geschlossen sind.

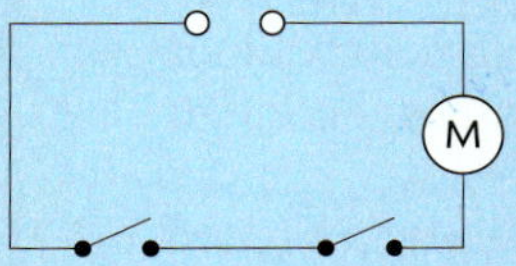

ODER-Schaltung
Ein elektrischer Strom fließt bereits, wenn Schalter 1 *oder* 2 geschlossen ist.

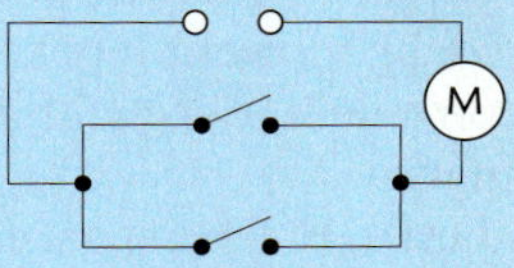

Nora hat sich einen besonderen Stromkreis ausgedacht. Als Verbindung nutzt sie Büroklammern, eine Schere, einen Ohrring, eine Anhängerkette und Krokodilklemmen.
Glaubst du, dass die Klingel zu hören ist?

1

Welche Gegenstände leiten den elektrischen Strom?

Bisher hast du Stromkreise kennen gelernt, in denen die elektrische Quelle mit den elektrischen Geräten stets durch Kabel verbunden waren. Müssen es immer Kabel sein oder leiten auch andere Gegenstände den elektrischen Strom?
Mit der Schaltung im Bild 2 kann man untersuchen, welche Gegenstände den elektrischen Strom leiten. Die Lampe zeigt an, ob der dazwischen geschaltete Gegenstand den elektrischen Strom gut oder schlecht leitet.

- Leuchtet die Glühlampe hell auf, handelt es sich um einen guten elektrischen Leiter. Es fließt ein großer elektrischer Strom durch die Lampe.
- Leuchtet die Glühlampe nur schwach auf, ist der Gegenstand ein schlechter elektrischer Leiter. Es fließt ein kleiner elektrischer Strom durch die Lampe.

Stoffe, die den Strom nicht leiten, nennt man **Isolatoren**.
Wenn in dem Stromkreis die Lampe nicht aufleuchtet, kann man nicht entscheiden, ob der Gegenstand den Strom gar nicht leitet oder nur sehr schlecht leitet. Denn es könnte sein, dass ein sehr kleiner Strom fließt, der nicht ausreicht, um die Lampe zum Leuchten zu bringen.
In diesem Fall benutzt man besser ein Messgerät für den elektrischen Strom (Bild 3). Fließt ein elektrischer Strom durch das Messgerät, schlägt der Zeiger aus. Je größer der elektrische Strom ist, umso größer ist der Zeigerausschlag.
Bild 3 zeigt auch das Schaltsymbol, das für ein solches Messgerät verwendet wird.

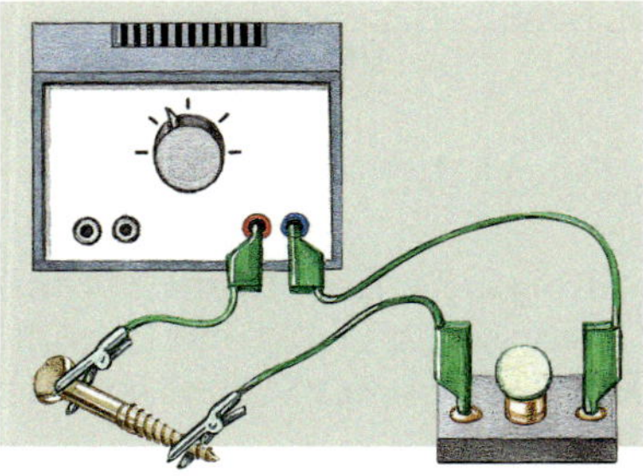

2

3

Ein Strommessgerät und sein Schaltsymbol

Häufig baut man Messgeräte für den elektrischen Strom als Vielfachmessgeräte. Bei ihnen lässt sich die Empfindlichkeit mit einem Schalter einstellen. Ist die Empfindlichkeit entsprechend eingestellt, so schlagen diese Zeigerinstrumente auch bei schwachen Strömen noch aus, die eine Glühlampe nicht mehr zum Leuchten bringen würden.

EXPERIMENT 1
1. Baue den abgebildeten Stromkreis auf! Der Stromkreis hat zunächst eine Lücke zwischen den Steckern A und B der zwei Kabel.
2. Berühre mit diesen Steckern A und B verschiedene Gegenstände wie Scheren, Löffel, Kugelschreiber, Lineale, Bleistiftminen!
3. Beobachte jeweils die Lampe und das Messgerät. Notiere ihr Verhalten in einer Tabelle!

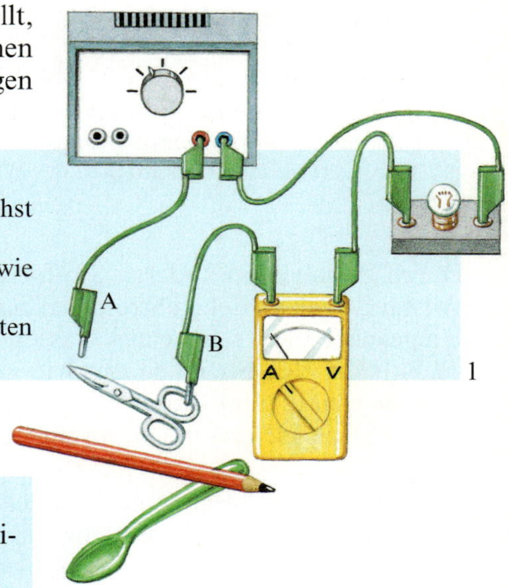

1

Aus dem Experiment erkennt man:

Blanke Metalle und Graphit sind gute elektrische Leiter. Kunststoffe, Porzellan, Glas und Lack sind sehr schlechte elektrische Leiter. Sie sind Isolatoren.

Leitet Wasser den elektrischen Strom?

In der Küche und im Badezimmer musst du ganz besonders vorsichtig im Umgang mit elektrischen Geräten sein. Den Grund dafür kannst du im folgenden Experiment erkennen:

EXPERIMENT 2
1. Fülle ein Gefäß mit Wasser und bringe zwei gleiche, saubere Bleche so hinein, dass sie sich nicht berühren!
2. Klemme an jedem Blech ein Kabel fest und baue den Stromkreis zusammen!
3. Stelle am Messgerät die vom Lehrer genannte Empfindlichkeit ein!
4. Schalte die elektrische Quelle ein und beobachte!
5. Verändere die Eintauchtiefe und den Abstand der beiden Bleche!

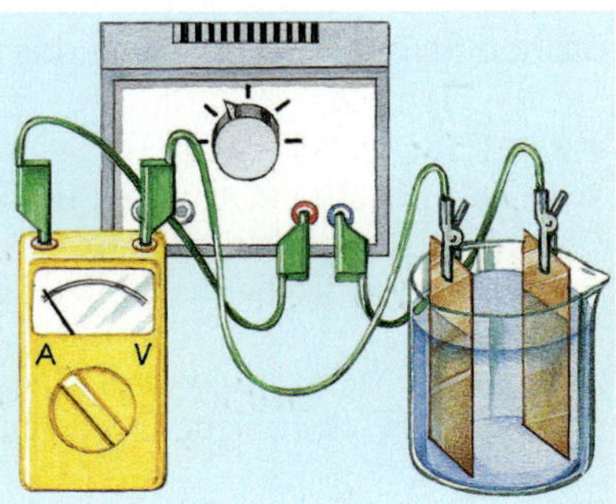

2

Das Experiment zeigt:

Wasser leitet den elektrischen Strom.

Deshalb darfst du in der Nähe vom Abwaschbecken oder von der Badewanne niemals elektrische Haushaltsgeräte benutzen, denn auch der menschliche Körper leitet den Strom. Rutscht dir z. B. der Föhn oder das Radio in die Badewanne, dann fließt der Strom durch deinen Körper, das Badewasser und die Wasserleitung in die Erde. Solche Unglücksfälle sind fast immer tödlich!

Übrigens

Wie du dich vor den Gefahren des elektrischen Stromes schützen kannst, erfährst du auf der Seite 66.

Wie ändert sich die Leitfähigkeit des Wassers, wenn darin Stoffe wie Salz, Zucker oder Essig gelöst sind? Auch das kannst du in einem Experiment untersuchen.

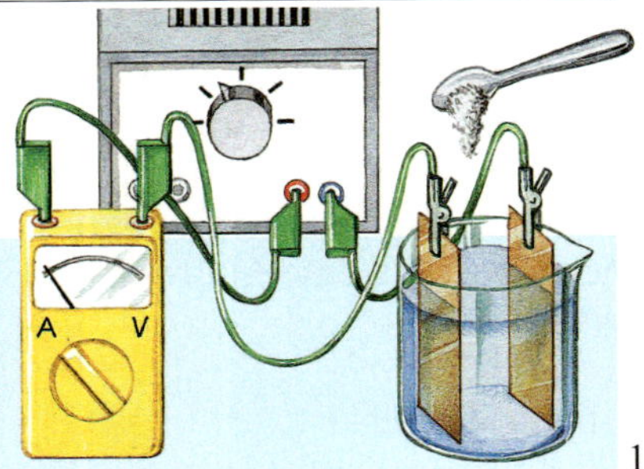

1

EXPERIMENT 3
1. Baue den abgebildeten Stromkreis auf!
2. Löse jeweils in frischem Leitungswasser Salz oder andere Stoffe auf! Verändert sich die Leitfähigkeit des Wassers?

Durch Zugabe von anderen Stoffen lässt sich bewirken, dass das Wasser den elektrischen Strom viel besser leitet.
Umgekehrt leitet sehr reines Wasser, in dem keine anderen Stoffe gelöst sind, den Strom so gut wie gar nicht. Solches sehr reines Wasser erhält man durch Destillieren von Leitungswasser. Du kennst es vielleicht vom Dampfbügeleisen.

Leitungswasser ist ein schlechter elektrischer Leiter. Wasser leitet den Strom umso besser, je mehr Salz in ihm gelöst ist.
Destilliertes Wasser ist ein sehr schlechter elektrischer Leiter.

Schon gewusst?

Beim Destillieren von Leitungswasser wird das Wasser zum Sieden gebracht. Der Dampf wird aufgefangen und in ein zweites kühleres Gefäß geleitet. Dort verflüssigt sich der Dampf zu Wasser.
Die im Leitungswasser gelösten Stoffe (z. B. Salze) bleiben im ersten Gefäß zurück.

Die Erde – ein guter oder schlechter Leiter?

Schaltet man in einen Stromkreis einen Blumentopf hinein, dann kann die Lampe leuchten! Das bedeutet: Auch Erde kann den elektrischen Strom leiten. Wie ist das möglich?

EXPERIMENT 4
1. Fülle einen Blumentopf mit trockener Erde!
2. Schalte den elektrischen Stromkreis zusammen!
3. Stecke zwei Bleche tief in den Topf hinein, sie dürfen sich aber nicht berühren!
4. Stelle am Messgerät die vom Lehrer angegebene Empfindlichkeit ein!
5. Schalte die elektrische Quelle ein und beobachte die Lampe und das Messgerät!
6. Feuchte in kleinen Portionen die Erde an und beobachte weiter!

Aus den Beobachtungen erkennt man:

Trockene Erde ist ein schlechter elektrischer Leiter. Je feuchter die Erde ist, umso besser leitet sie den elektrischen Strom.

Gleiches gilt für alle Gegenstände, die in trockenem Zustand schlechte elektrische Leiter sind. So beginnen auch Bindfäden oder Holzstückchen den elektrischen Strom zu leiten, wenn sie mit Wasser getränkt sind.

Leitet die Luft den elektrischen Strom?

Unter gewöhnlichen Bedingungen ist Luft ein Isolator. Das kann man schon daraus schließen, dass in einem Stromkreis mit geöffnetem Schalter kein elektrischer Strom fließt. Wäre nämlich die Luft ein guter elektrischer Leiter, könnte der elektrische Strom durch die Luft zwischen dem festen und dem beweglichen Teil eines jeden Schalters hindurchfließen. Dann könnte gar kein Schalter funktionieren.

Unter besonderen Umständen werden die Luft und andere Gase jedoch gute elektrische Leiter. Voraussetzungen hierfür sind:

- Es ist eine sehr starke elektrische Quelle vorhanden.
- Der Abstand zwischen zwei getrennten Teilen eines Stromkreises ist relativ klein.
- Das Gas wird durch Auspumpen verdünnt.

Beispiele für das Fließen eines elektrischen Stromes in Gasen sind Blitze und Funken sowie das Leuchten von Glimmlampen und Leuchtstofflampen.

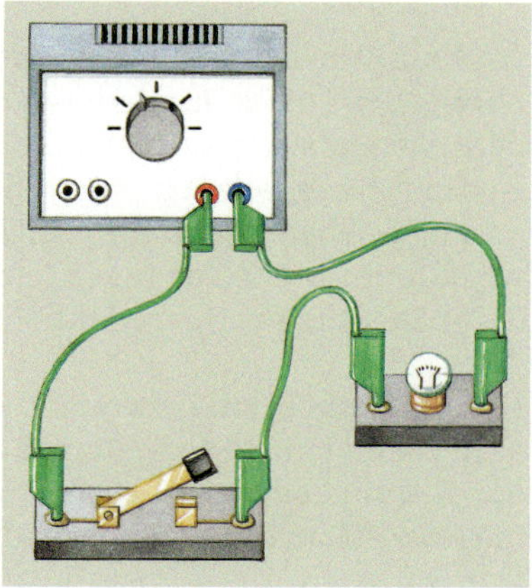
1
Normalerweise ist Luft ein Isolator.

2
Gewitterwolken bilden unter sich und mit der Erde sehr starke elektrische Quellen. Es fließen kurzzeitig elektrische Ströme in Form von Blitzen. Auf ihrem letzten Stück zur Erde „suchen" sie sich gut leitende Körper aus Metall, feuchte Felsen oder saftige Bäume.

3
Fahrdrähte von Eisenbahnen und Straßenbahnen sind mit sehr starken elektrischen Quellen verbunden. Eine Annäherung an die Fahrdrähte führt zu kurzzeitigen elektrischen Strömen in Form von tödlich wirkenden Funken.

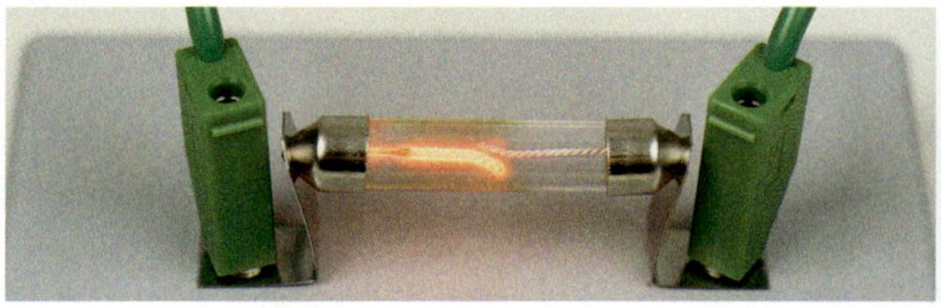
4
In Glimmlampen ist das Gas verdünnt. Da der Abstand der Drähte sehr klein ist, kann ein elektrischer Strom im Gas fließen.

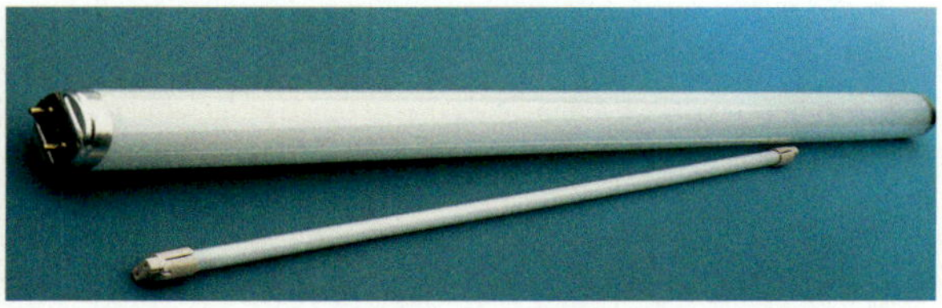
5
Auch in Leuchtstofflampen können elektrische Ströme fließen. In den Röhren befinden sich sehr verdünnte Gase.

Projekt

Fahrradbeleuchtung

Im Dunkeln ist eine sichere Beleuchtung am Fahrrad unbedingt notwendig – nicht nur damit man selbst die Straße sehen kann, sondern vielmehr, damit man von den Autofahrern gut gesehen wird. Zusätzlich zur Beleuchtung sind auch noch Reflektoren am Fahrrad vorgeschrieben. Wenn ihr euch besonders gut schützen wollt, dann tragt ihr auch noch an den Kleidungsstücken Streifen, die das Licht der Autoscheinwerfer reflektieren (Bild 1).

1

Reflektoren als Lebensversicherung

Der Stromkreis am Fahrrad. Die Beleuchtung gehört leider zu den Dingen am Fahrrad, die immer wieder kaputtgehen. Oft sind jedoch nur Kleinigkeiten zu beheben, um sie wieder funktionstüchtig zu machen. Manchmal lässt sich die Lichtanlage sogar noch im Dunkeln auf der Straße reparieren und die Fahrt kann sicher fortgesetzt werden.

Dazu muss man aber wissen, wie die Lichtanlage funktioniert. Ihre wichtigsten Bestandteile sind Scheinwerfer und Rücklicht sowie der Dynamo als elektrische Quelle. Vom Dynamo führt jeweils ein Kabel zum Scheinwerfer und zum Rücklicht. Als zweite Leitung dient der metallische Rahmen des Fahrrades.

2

AUFTRAG 1

1. Baut einen Stromkreis wie im Bild auf. Berührt mit den Kontakten verschiedene Stellen des Fahrrades!
2. Welche Teile müsst ihr berühren, damit ein Strom fließt? Bei welchen Teilen fließt kein Strom?

Wenn ihr nun wisst, welche Stellen des Rahmens als „elektrische Kontakte" zu verwenden wären, dann findet heraus, wo der Strom tatsächlich fließt:

AUFTRAG 2

Wie findet der Strom seinen Weg von den beiden Lampen zurück zum Dynamo?

1. Schraubt einmal die Gehäuse der Lampen auf und untersucht den Weg von der Glühlampe zum Rahmen!
2. Wie geht es dann weiter?
3. An welcher Stelle fließt der Strom in den Dynamo?
4. Wie müssen alle diese Kontaktstellen beschaffen sein?
5. Erstellt eine Schaltskizze für die Fahrradbeleuchtung!

3

Ihr werdet feststellen, dass bei verschiedenen Fahrrädern die Stromwege sehr unterschiedlich sein können. Manchmal wird der elektrische Kontakt zwischen Dynamo und Rahmen durch eine spitze Schraube hergestellt, die die Lackschicht des Rahmens durchbohrt.

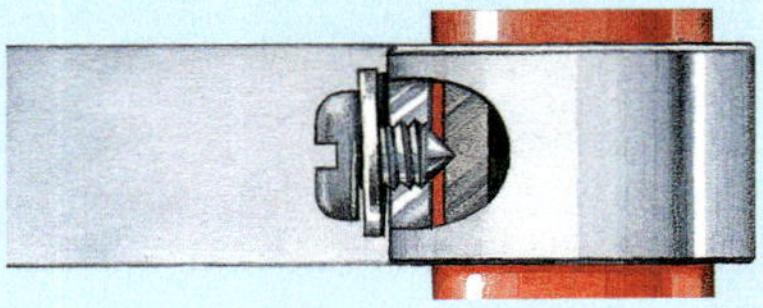

4

Wie funktioniert eigentlich ein Dynamo? – Das Prinzip zeigt die Anordnung in Bild 1: Ein Magnet wird vor einer Spule aus Draht in schnelle Drehung versetzt. Das empfindliche Messgerät zeigt einen Stromfluss an. Wer will, kann es selbst einmal ausprobieren!
Beim richtigen Dynamo dreht sich der Magnet besonders schnell.

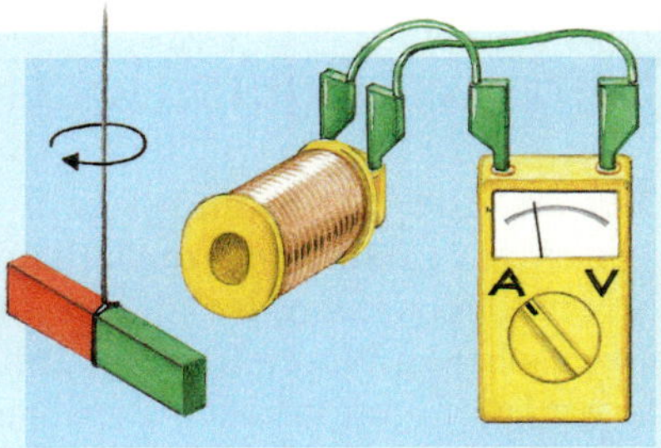

1
Prinzip des Fahrraddynamos

Die häufigsten Fehler. Meistens lassen sich die Fehler an der Fahrradbeleuchtung leicht beheben – wenn man sie erkannt hat.

AUFTRAG 3

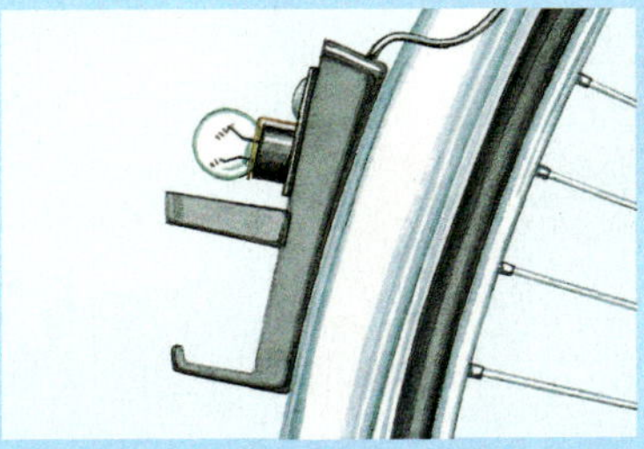
2

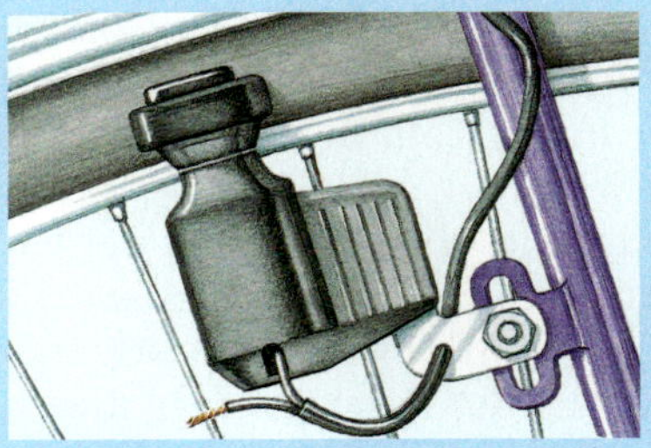
3

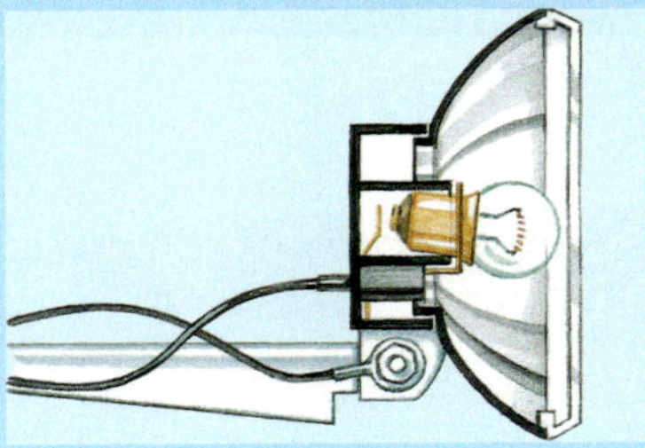
4

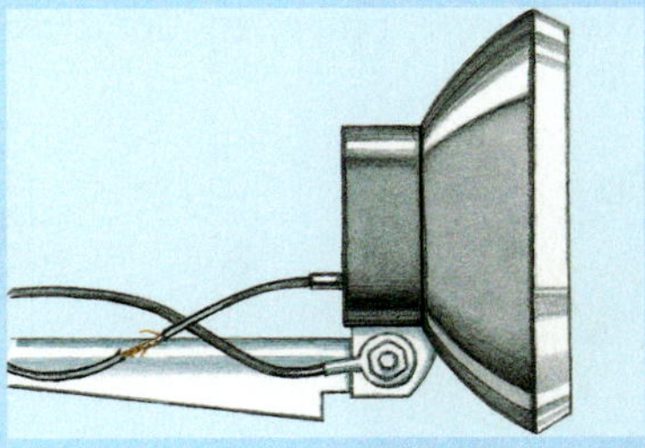
5

1. Beschreibt den jeweiligen Fehler!
2. Wie kann man den Fehler entdecken?
3. Was muss man auf einer Fahrradtour dabeihaben, um den Fehler beheben zu können?
4. Nennt weitere mögliche Fehlerquellen!
5. Baut einmal bewusst einen Fehler in eine Beleuchtung ein und lasst eine andere Gruppe den Fehler entdecken und beheben!

Übrigens

Zu einer verkehrssicheren Beleuchtung gehören:

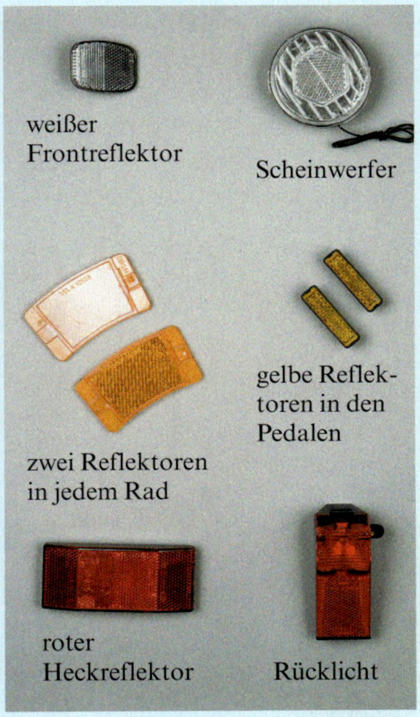

6

Weitere Aufträge – zu deiner eigenen Sicherheit!

1. Wenn du mit deinen Eltern abends im Auto fährst, dann achte einmal darauf, welche Fahrradfahrer du schon von weitem sehen kannst und welche du erst in letzter Sekunde erkennst. Beschreibe deine Beobachtungen!
2. Tina baut ihre Fahrradbeleuchtung auf Akkubetrieb um. Welche Vor- und Nachteile bringt ihr das ein?
3. Nenne neben der Beleuchtung mindestens drei weitere Dinge, die am Fahrrad für die Verkehrssicherheit sehr wichtig sind!
4. Bei der Fahrradbeleuchtung gibt es manchmal nicht nur *elektrische* Kontaktprobleme, sondern auch *mechanische*, nämlich zwischen Reifen und Dynamo. Mache Vorschläge, wie man sich hier helfen kann!
5. In welcher Reihenfolge würdest du jeweils Fehler suchen, wenn
   a) nur der Scheinwerfer nicht leuchtet?
   b) Scheinwerfer und Rücklicht nicht leuchten?
   c) nur der Scheinwerfer flackert?
   d) Scheinwerfer und Rücklicht flackern?

Ein Blick in die Technik

Strom auf dem richtigen Weg

Für die zuverlässige und sichere Funktion eines Stromkreises sind Leiter und Isolatoren erforderlich. Leiter sind notwendig, damit der Strom fließen kann. Isolatoren sorgen dafür, dass der Strom nur auf vorgesehenen Wegen fließen kann. Sie schützen Menschen und Tiere vor lebensgefährlichen Berührungen mit Leitungen.
Die Freileitungsseile der Überlandleitungen (Bild 1) bestehen aus mehreren dicken, spiralförmig miteinander verdrehten Aluminiumdrähten (Bild 4). Damit der elektrische Strom nicht über die Strommasten zur Erde abfließen kann, hängen die Leiterseile an Isolatoren aus keramischen Stoffen. Diese Isolatoren müssen hinreichend groß sein, damit vom Leiterseil keine Funken auf den Strommasten überspringen können (Bild 2).
Für die Versorgung der Wohnhäuser mit elektrischem Strom werden meist Erdkabel (Bild 4) im Boden verlegt. In einem Kabel sind metallische Leiter enthalten, die durch Kunststoffhüllen gegenseitig isoliert sind. Ein isolierter Leiter wird als Ader bezeichnet. In einem Kabel können mehrere Adern enthalten sein. Alle Adern des Erdkabels sind nochmals von einem Kunststoffmantel umgeben, der diese vor Beschädigung schützt (Bild 4).

1
Überlandleitungen

2

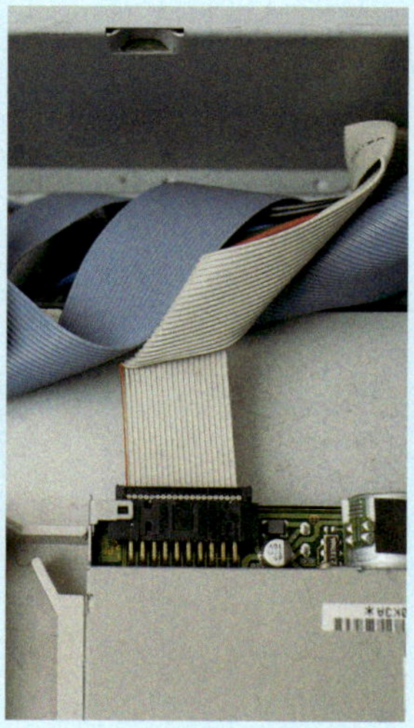
3

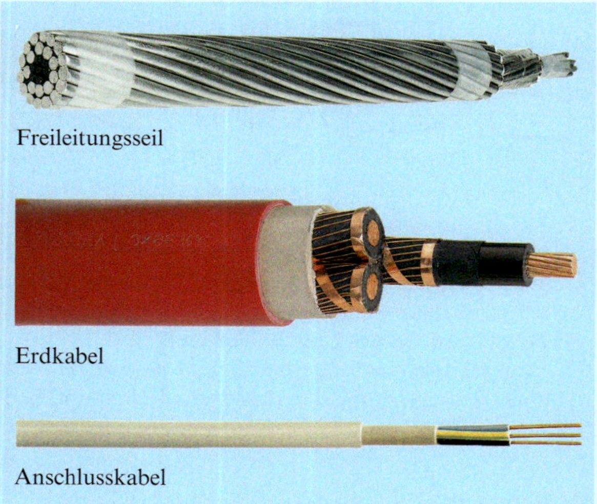

4

Im Inneren der Häuser nutzt man unter Putz und als Anschlusskabel für die meisten Geräte dreiadrige Kabel (Bild 4). Zur Unterscheidung der einzelnen Adern haben die Kunststoffhüllen unterschiedliche Farben.
Besonders wichtig sind solche farblichen Kennzeichnungen bei der Verbindung von elektronischen Geräten. Hier bestehen die Kabel oft aus 25 oder mehr einzelnen Adern (Bild 3).

Glühlampe. Auch in elektrischen Geräten wie der Glühlampe benötigt man nicht nur Leiter, sondern auch Isolatoren (Bild 5). Denn der Strom soll ja durch die Glühlampe fließen und keine „Abkürzung" zurück zur elektrischen Quelle nehmen.

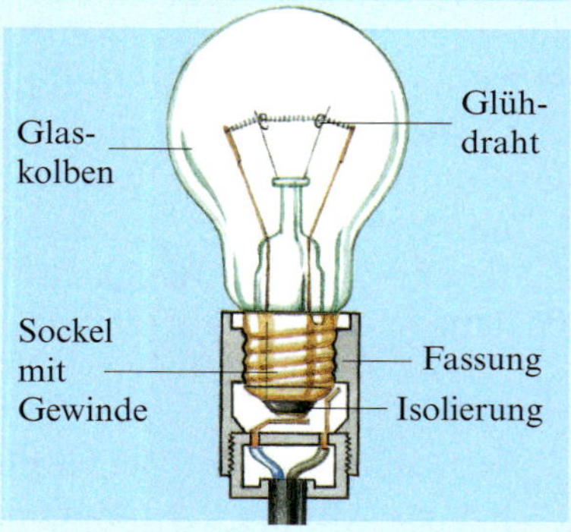

5
Aufbau einer Glühlampe

AUFGABEN

1. a) Erkläre, wie du mithilfe des elektrischen Stromes ein Gewässer auf Verschmutzung durch salzhaltige Abwässer untersuchen kannst!
   b) Wie könntest du den Grad der Verschmutzung zweier Gewässer mit salzhaltigen Abwässern vergleichen?
2. Früher wurden elektrische Leitungen zur Isolation mit Stoff umwickelt. Nenne Nachteile einer solchen Isolation!
3. Erkläre, weshalb du in der Nähe von Überlandleitungen keine Drachen steigen lassen darfst!
4. Begründe, warum du bei Gewitterstimmung keine Drachen steigen lassen darfst!
5. Warum sollten Badende bei Gewitter sofort das Wasser verlassen?
6. Die Form der Isolatoren an Überlandleitungen im Bild 2, S. 50, hängt damit zusammen, dass sie bei Regen nass werden. Was will man mit dieser Form der Isolatoren erreichen?
7. Wenn bei einem Sturm ein Freileitungsseil zerrissen wird, darf man es auf keinen Fall berühren und man sollte auch nicht nahe herangehen. Begründe die beiden Vorsichtsmaßnahmen!
8. Bild 1 zeigt einen besonderen Mast von einer Überlandleitung. In seiner Nähe sind die Freileitungsseile mit Isolatoren versehen. Solche Isolatoren dienen dem Schutz von Störchen. Warum ist das notwendig?

1

ZUSAMMENFASSUNG

Blanke Metalle und Graphit sind gute elektrische Leiter.
Man nutzt Metalle als Leiter in Form von Leitungsdrähten, Kabeln und Stromschienen.

Kunststoffe, Porzellan, Glas und Lack sind sehr schlechte elektrische Leiter. Sie sind Isolatoren.
Isolatoren sorgen dafür, dass der elektrische Strom nur auf vorgesehenen Wegen fließen kann. Sie schützen Menschen und Tiere vor lebensgefährlichen Berührungen mit Leitungen.

Destilliertes Wasser ist ein sehr schlechter elektrischer Leiter.
Leitungswasser ist ein schlechter elektrischer Leiter.
Wasser leitet den Strom umso besser, je mehr Salz in ihm gelöst ist.

Trockene Erde ist ein schlechter elektrischer Leiter.
Je feuchter die Erde ist, umso besser leitet sie den elektrischen Strom.

Unter gewöhnlichen Bedingungen ist Luft ein Isolator. Unter besonderen Umständen werden die Luft und andere Gase jedoch elektrische Leiter.

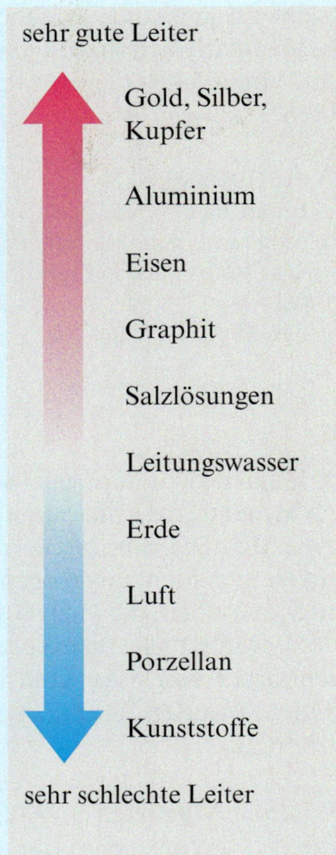

Dauermagnete und Elektromagnete

1

Du bist unterwegs und bekommst riesigen Durst. Da entdeckst du an der Ecke einen Getränkeautomaten. Saft, Limonade und Mineralwasser sind zum Greifen nahe.
Du musst nur noch die richtigen Münzen einwerfen und den entsprechenden Knopf drücken – schon poltert die ersehnte Erfrischung in die Auffangschale. Hast du dir schon einmal überlegt, wie der Automat das eingeworfene Geld eigentlich erkennen kann?

Dauermagnete

Sicher hast du schon mit Magneten gespielt und bemerkt, dass sie manche Gegenstände anziehen, andere aber nicht. Umgekehrt bleiben Magnete auch an manchen Körpern hängen, an anderen aber nicht. Mit welchen Gegenständen ist eine solche Anziehung zu beobachten?

EXPERIMENT 1
Prüfe mit einem Magneten, welche Gegenstände in deiner Umgebung angezogen werden und welche nicht. Teste zum Beispiel Bleistifte, Füller, Kugelschreiber, Radiergummis, Büroklammern, Geldstücke, Teile von Möbeln usw.
Fertige eine Tabelle an!

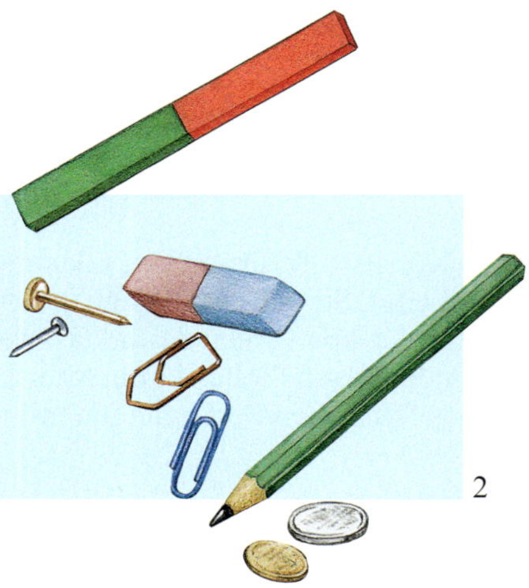

2

Der Magnet zieht nur Gegenstände aus Metall an. Vielleicht hast du auch bemerkt, dass dies nicht alle Metalle betrifft. Ein Magnet zieht nur die Metalle Eisen, Nickel und Kobalt an. Aluminium, Silber oder Gold werden nicht angezogen. Es gibt aber noch bestimmte keramische Materialien, die auch von Magneten angezogen werden.
Im Experiment hast du eventuell auch festgestellt, dass nicht nur die Eisenkörper von Magneten angezogen werden, sondern auch die Magnete von den Eisenkörpern. Es herrscht also eine gegenseitige Anziehung.

Zwischen Magneten und Gegenständen aus Eisen, Nickel oder Kobalt wirken gegenseitige Anziehungskräfte.

Magnetische Kräfte wirken nicht nur bei direkter Berührung, sondern auch, wenn die Gegenstände etwas voneinander entfernt sind. Büroklammern und kleine Nägel springen regelrecht zum Magneten hin, wenn man ihn darüber hält. Diese Erscheinung war lange Zeit ein großes Rätsel für die Menschen. Man konnte sich schwer vorstellen, dass eine Kraft wirken kann, ohne dass sich Gegenstände berühren. Schließlich muss jeder Wagen, der zu bewegen ist, fest angepackt und gezogen werden! Man braucht Haken und Halterungen, um Gegenstände zu transportieren oder zu halten.
Können Magnete auch durch andere Gegenstände „hindurch“ wirken? Im Bild 1 siehst du ein Puppentheater. Wie könnte das wohl funktionieren?

1

In diesem Puppentheater bewegen sich die Figuren wie von selbst.

EXPERIMENT 2

1. Lege einige kleine Nägel auf einen Tisch und bewege einen starken Magneten an der Unterseite des Tisches entlang.
   Was beobachtest du?
2. Prüfe, ob magnetische Kräfte auch durch Plastik, Papier, Eisen und Aluminium wirken!

2

Die Wirkungen eines Magneten durchdringen Gegenstände, die nicht aus Eisen oder Nickel bestehen.
Gehäuse aus Eisen oder Nickel schirmen einen Körper vor den Wirkungen eines Magneten ab: Die Wirkungen werden verringert.

Einem Kind sind verschiedene Münzen in einen schmalen Spalt gefallen. Um sie wiederzubekommen, bleibt ihm nur die Möglichkeit, einen Magneten als Hilfe zu benutzen. Es bindet einen Stabmagneten wie eine Schaukel an zwei Fäden und versucht, mit der Mitte des Stabmagneten die Geldstücke aufzuheben. Leider gelingt ihm das nicht.

EXPERIMENT 3

Tauche einen Stabmagneten vollständig in eine Schachtel mit Stahlnägeln und hebe ihn vorsichtig hoch!
Was beobachtest du?

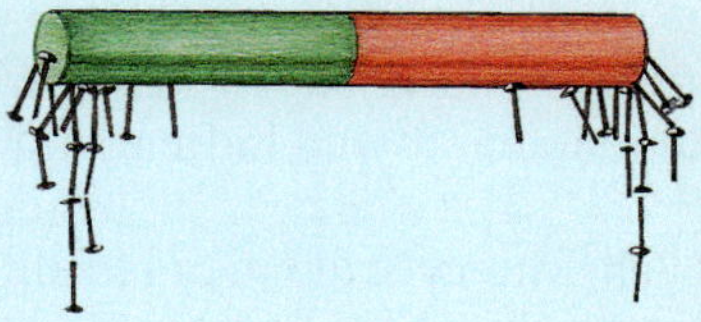

3

Die Stahlnägel werden ganz besonders stark an den Enden des Stabmagneten angezogen, in der Mitte aber so gut wie gar nicht. Manche Nägel bleiben auch an anderen Nägeln hängen, sie bilden richtige Ketten von einem Ende zum anderen Ende des Magneten.

Bei Stabmagneten ist die magnetische Wirkung an den Enden am größten. Die Stellen eines Magneten, wo die Wirkung am größten ist, heißen Pole.

Nord- und Südpol eines Magneten

1

Wenn man einen Stabmagneten drehbar lagert, dreht er sich ganz langsam so weit, bis er sich auf eine bestimmte Richtung eingestellt hat (Bild 1). Dabei dürfen keine großen Eisenkörper oder andere Magnete in seiner Nähe sein. Der Stabmagnet dreht sich in die Nord-Süd-Richtung der Erde. Der eine Pol zeigt nach Norden und der andere Pol nach Süden.
Süden ist bei uns die Richtung, aus der mittags die Sonne scheint. Die Schatten weisen dann nach Norden.
Das Ende des Stabmagneten, das nach Norden zeigt, bezeichnet man deshalb auch als „Nordpol“ des Magneten. Das andere Ende dementsprechend als „Südpol“ des Magneten. Jeder Stabmagnet hat einen Nordpol und einen Südpol.
Die Pole von Stabmagneten sind meistens unterschiedlich gekennzeichnet. Manchmal ist der Magnet rot und grün gefärbt – dann befindet sich der Nordpol am roten und der Südpol am grünen Ende des Magneten. Bei anderen Magneten sind auch die Buchstaben N und S eingraviert.
Was hat die Ausrichtung des Magneten mit der Nordrichtung und der Südrichtung auf der Erde zu tun?

EXPERIMENT 4
Experimentiere mit zwei Stabmagneten.
Bringe mal gleichnamige und mal ungleichnamige magnetische Pole zusammen. Was passiert, wenn du die verschiedenen Enden einander näherst?
Teste möglichst viele Varianten der Annäherung!

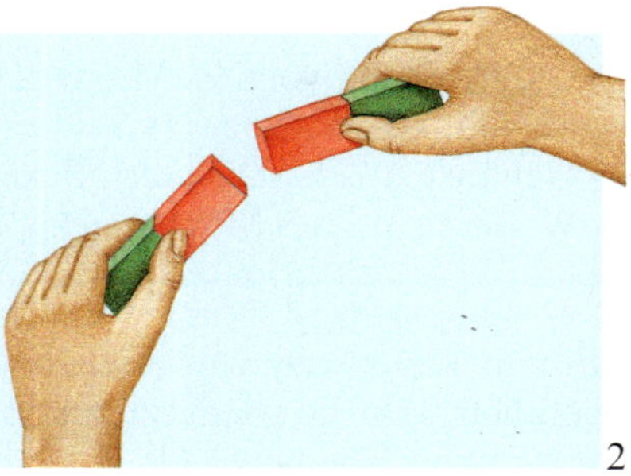
2

Immer wenn du gleichnamige Pole (Nord- und Nordpol oder Süd- und Südpol) einander näherst, stoßen sie sich ab. Du kannst die Stabmagneten kaum zur Berührung bringen.
Die ungleichnamigen Pole (Nord- und Südpol und Süd- und Nordpol) ziehen sich jedoch sehr stark an. Die Stabmagneten fliegen fast aufeinander zu und haften dann aneinander.

Jeder Magnet hat einen Nordpol und einen Südpol.
Ungleichnamige Pole eines Magneten ziehen einander an, gleichnamige Pole stoßen einander ab.

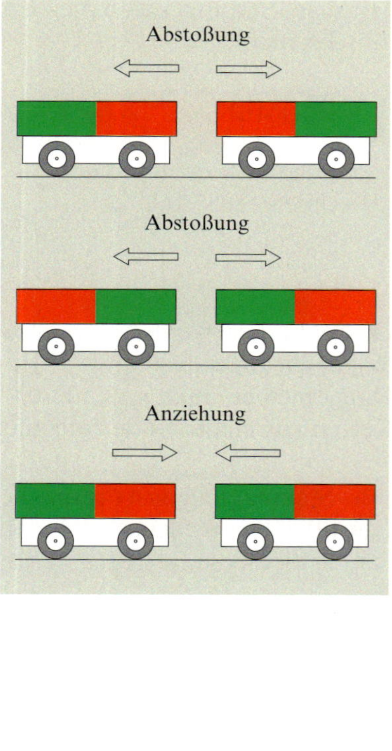

3

Damit lässt sich erklären, warum sich Magnetnadeln und beweglich aufgehängte Stabmagnete stets in die Nord-Süd-Richtung drehen: Die Erde muss selbst ein riesig großer Magnet sein (Bild 1, S. 55).
Im geographischen Norden der Erde liegt ihr magnetischer Südpol. Er zieht die Nordspitze der Magnetnadel an. Der magnetische Nordpol der Erde liegt im Süden, er zieht die Südspitze der Magnetnadel an.

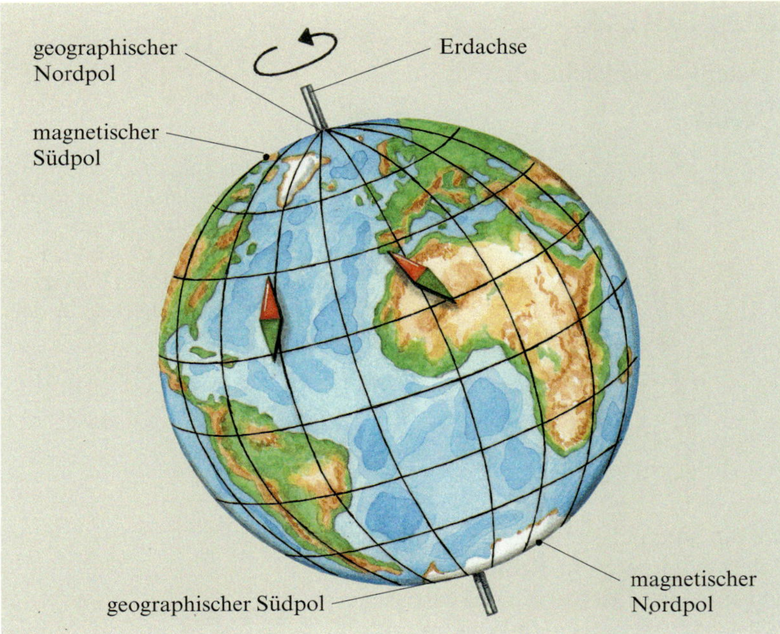

1

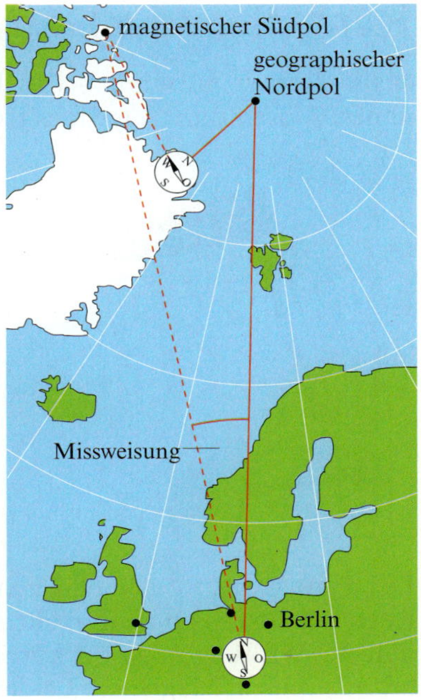

2

Magnetische und geographische Pole der Erde. Die Erde dreht sich um die eigene Achse, die Erdachse. Die beiden Punkte auf der Erdoberfläche, die auf dieser Achse liegen, sind der geographische Nordpol und der geographische Südpol. Du kennst sie von einem Globus.
Die magnetischen Pole der Erde fallen jedoch nicht genau mit den geographischen Polen der Erde zusammen. Deshalb weicht die Einstellung eines Magneten an den meisten Orten der Erde etwas von der wirklichen geographischen Nord-Süd-Richtung ab. Diese Abweichung wird als *Missweisung* bezeichnet (Bild 2).

Orientierung mit dem Kompass. Im Gehäuse eines Kompasses befindet sich ein kleiner drehbarer Stabmagnet – die Kompassnadel. Die Kompassnadel ist farbig gekennzeichnet: Die eine Spitze ist z. B. rot und die andere ist silbrig glänzend.
Egal, wohin man sich mit dem Kompass in der Hand dreht, es zeigt immer die gleiche Spitze nach Norden, genauer gesagt: auf den magnetischen Südpol der Erde. Dies wird schon seit Jahrhunderten von Seefahrern zur Orientierung genutzt.
Angenommen, ihr seid auf einer Wanderung vom Weg abgekommen und wisst nicht, in welcher Richtung ihr weitergehen sollt. Ihr habt zwar eine Landkarte, aber solange ihr nicht wisst, in welche Richtung ihr sie halten müsst, nützt sie euch nicht viel. Ihr könnt euch mit dem Kompass helfen.
Auf der Landkarte ist in der Regel oben Norden und unten Süden. (Manchmal sind auch kleine Windrosen eingezeichnet.) Wenn man die obere Seite der Karte nach Norden dreht, stimmen die Richtungen auf der Karte mit den Richtungen in der Landschaft überein.
Wer ganz genau vorgehen will, berücksichtigt auch die Missweisung, die auf manchen Kompassen angegeben ist.

3

4

Herstellen von Dauermagneten

Magnete hast du schon selbst hergestellt – vielleicht ohne es zu ahnen. Mache dazu folgendes Experiment:

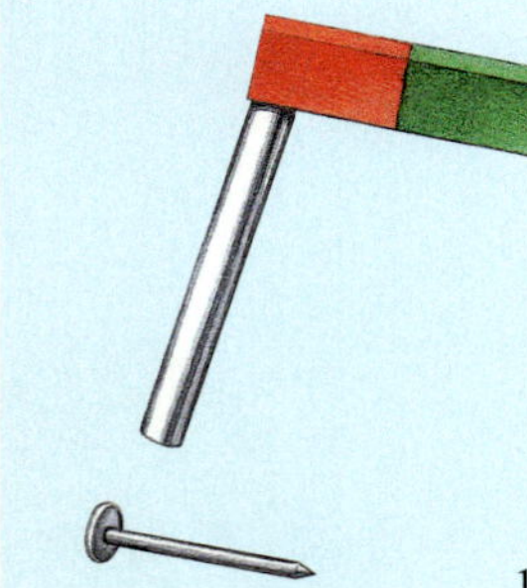

1

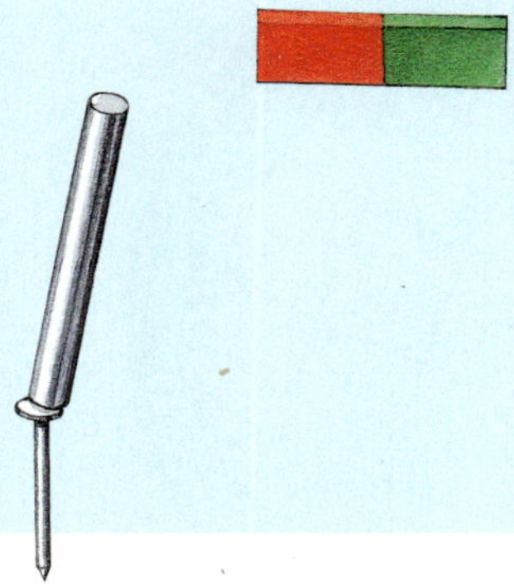

2

EXPERIMENT 5

1. Halte einen Eisenstab mit einem Ende nahe an einen Nagel!
2. Berühre das andere Ende des Eisenstabes mit einem Pol eines Stabmagneten und versuche den Nagel anzuheben!
3. Wenn der Nagel angehoben ist, entferne den Stabmagneten wieder von dem Eisenstab!

Der Eisenstab zieht den Nagel an wie ein Magnet es tut. Und auch wenn der Eisenstab nicht mehr mit dem Magneten in Kontakt ist, hält die Wirkung noch für kurze Zeit an. Der Eisenstab wird also selbst zu einem Magneten. Leider lässt seine magnetischen Wirkung nach sehr kurzer Zeit wieder nach.
Du kannst aber dafür sorgen, dass die Wirkung länger erhalten bleibt: Wenn du mit einem Ende eines Stabmagneten sehr oft in gleicher Richtung über einen Eisenstab streichst, wird dieser für längere Zeit magnetisch (Bild 3).
Magnete, die dir im täglichen Leben begegnen, bleiben viel länger magnetisch und können sehr unterschiedliche äußere Formen haben. Einige werden aus massivem Stahl hergestellt – z. B. Stab- und Hufeisenmagnete. Andere Magnete werden aus einem Gemisch von Metalloxiden und Pulver anderer Materialien hergestellt. Dieses Gemisch wird in Formen gegeben und unter Einfluss eines Magneten im Ofen gebrannt. So entstehen z. B. Keramikmagnete in Form von Scheiben und Ringen (Bild 4). Für Kühlschranktüren werden magnetische Gummidichtungen hergestellt, indem Metalloxide in das Gummi eingeschmolzen und danach magnetisiert werden.

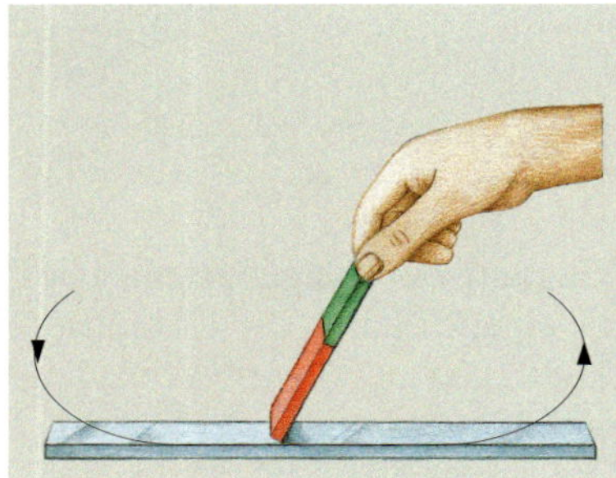

3

4

Übrigens

Auf einfache Weise kannst du dir deinen eigenen Kompass herstellen: du durchbohrst einen Korken (oder einen Schraubverschluss) und versiehst ihn mit einer magnetisierten Stopfnadel.

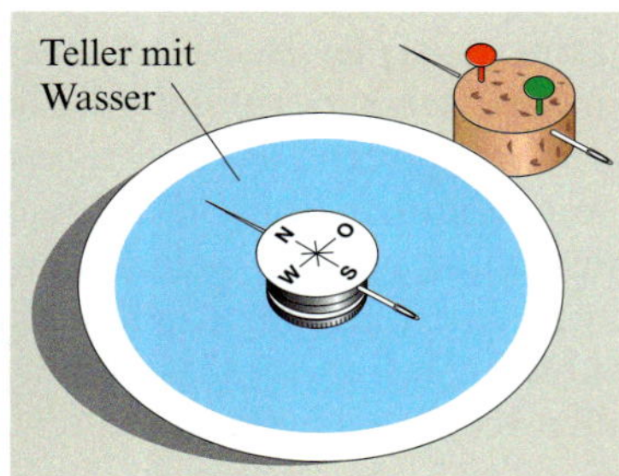

5

Elektromagnete

Magnetische Erscheinungen sind den Menschen schon seit Jahrtausenden bekannt. Im antiken Griechenland und im alten China wurde festgestellt, dass sich Brocken aus Magneteisenerz gegenseitig anziehen und abstoßen. Die Chinesen hatten erkannt, dass Stücke dieses Erzes sich immer in die gleiche Richtung ausrichten, wenn sie frei beweglich aufgehängt werden. Damit konnten sie erste einfache Kompasse bauen.

1

Eine weitere wichtige Entdeckung machte der dänische Physiker HANS CHRISTIAN OERSTED im Jahre 1820 (Bild 1). OERSTED verblüffte seine Studenten mit einem einfachen Experiment: Auf seinem Experimentiertisch war eine Kompassnadel in der Nähe einer elektrischen Leitung aufgestellt. Immer wenn OERSTED den Strom in der elektrischen Leitung einschaltete, drehte sich die Nadel in eine bestimmte Richtung.

OERSTED hatte bereits Jahre zuvor viele Vermutungen über den Magnetismus und den elektrischen Strom aufgestellt. Aber erst jetzt hatte er es bewiesen: Magnetische und elektrische Erscheinungen stehen in engem Zusammenhang. Der *Elektromagnetismus* war entdeckt!

> Magnetische Kräfte wirken auch in der Umgebung stromdurchflossener elektrischer Leitungen.

Also müsste man doch auch einen Magneten aus einem stromdurchflossenen Draht herstellen können.

Wenn man einen isolierten Kupferdraht in engen Windungen auf eine Papp- oder Plastikröhre wickelt, erhält man eine Spule. Eine Spule wie in Bild 2 kannst du leicht selbst herstellen und in einem Experiment untersuchen.

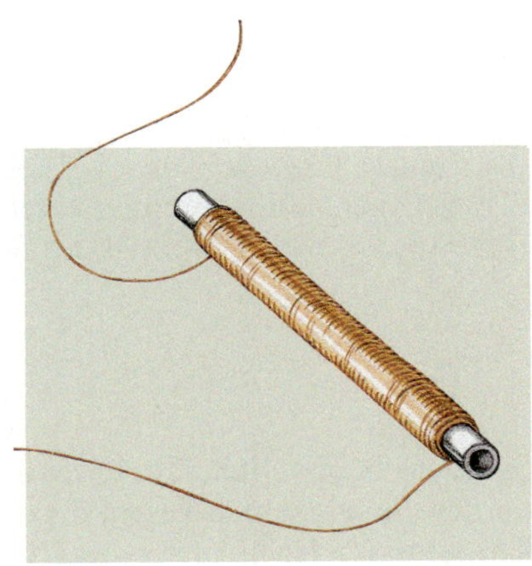

2

EXPERIMENT 6
1. Schließe beide Enden deiner Spule an eine Flachbatterie an und prüfe ihre magnetische Wirkung mit einer Magnetnadel!
2. Verändere die Anzahl der Windungen, indem du von deiner Spule wieder etwas Draht abwickelst. Schließe die Spule anschließend wieder an die Batterie an und prüfe ihre magnetische Wirkung!
3. Versuche einmal, mit deiner Spule kleine Gegenstände aus Eisen anzuheben!

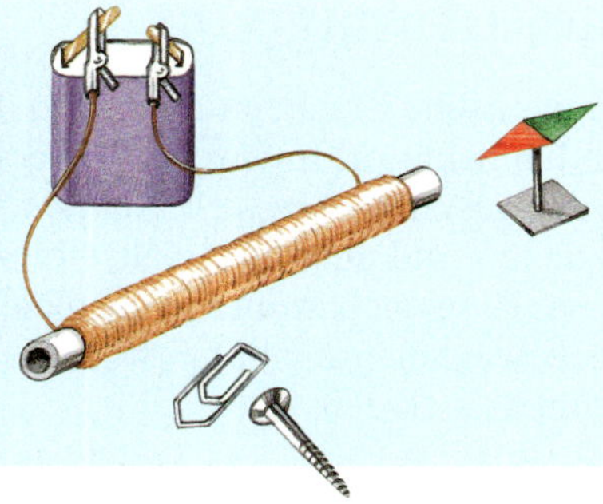
1

In der Nähe der stromdurchflossenen Spule richtet sich die Kompassnadel aus. Die Wirkung ist umso stärker, je mehr Windungen die Spule hat. Zum Anheben von Gegenstände reicht die Wirkung dieser Spule jedoch nicht.

EXPERIMENT 7
Stecke nun in die Spule einen Eisennagel und teste dann ihre magnetische Wirkung. Was stellst du fest?

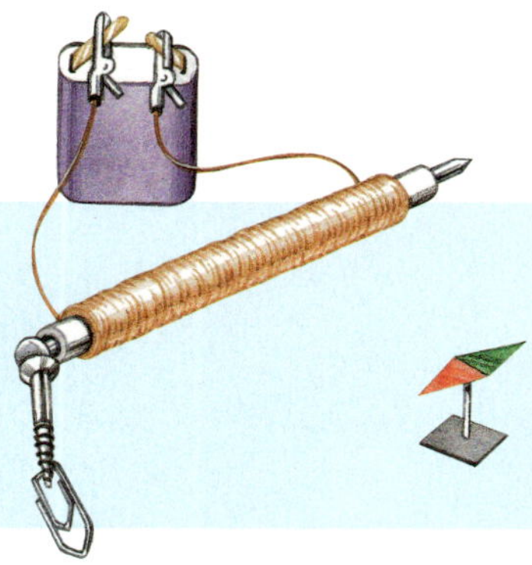
2

Nun kann die Spule auch Büroklammern und andere eisenhaltige Gegenstände anheben.
Man kann sich die Verstärkung der magnetischen Wirkung damit erklären, dass der Eisenkern im Inneren der Spule selbst magnetisiert wird. Es entstehen also letztlich zwei Magnete, die gemeinsam wirken.
Eine stromdurchflossenen Spule mit Eisenkern nennt man auch Elektromagnet. Bild 3 zeigt einen Elektromagneten mit 750 Windungen und einem dicken Eisenkern. Er kann ohne weiteres ein Eisenstück von 10 kg tragen.

3
Kleiner Aufwand, große Wirkung

Die magnetische Wirkung einer Spule lässt sich auch noch auf andere Weise verändern:

EXPERIMENT 8
Eine Spule wird an ein Netzgerät angeschlossen, an dem die Größe des elektrischen Stromes verändert werden kann.
Das untere Ende der Spule befindet sich wenige Zentimeter über dem Tisch. Unter die Spule werden verschiedene flache Gegenstände aus Eisen gebracht. Danach wird jeweils der Strom schrittweise vergrößert.

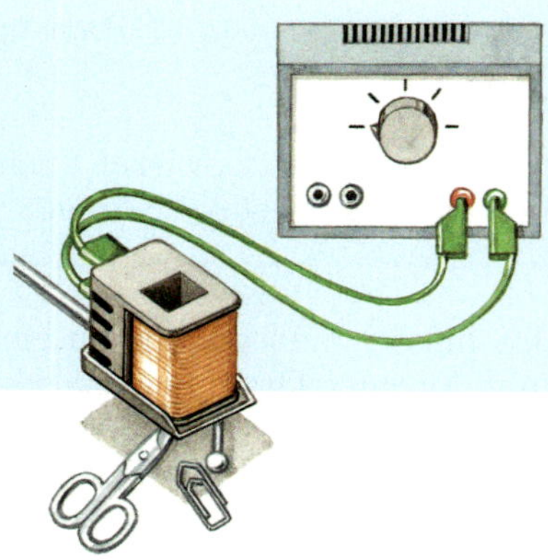
4

Es ist zu beobachten: Erst wenn der Strom hinreichend groß ist, werden die einzelnen Eisenkörper angehoben. Für die schwereren Körper muss der Strom etwas größer sein als für die leichteren.

Die Ergebnisse der Experimente 6 bis 8 können folgendermaßen zusammengefasst werden:

Die magnetische Wirkung einer Spule lässt sich verstärken
- durch Erhöhen der Windungszahl,
- durch Vergrößern des elektrischen Stromes,
- durch Einsetzen eines Eisenkerns.

Die Pole von Elektromagneten. Von Dauermagneten weißt du, dass jeder Magnet einen Nord- und einen Südpol besitzt, die entsprechend gekennzeichnet sind. An einem Elektromagneten wirst du jedoch keine Beschriftung für Nord- und Südpol finden. Was ist der Grund dafür?
In einem Experiment kannst du untersuchen, ob auch ein Elektromagnet zwei verschiedene Pole besitzt.

EXPERIMENT 9
1. Schließe an die Drahtenden einer Spule eine Flachbatterie an und bringe eine Magnetnadel nacheinander in die Nähe der beiden Spulenenden. Was beobachtest du?
2. Vertausche die Anschlüsse an der Flachbatterie!

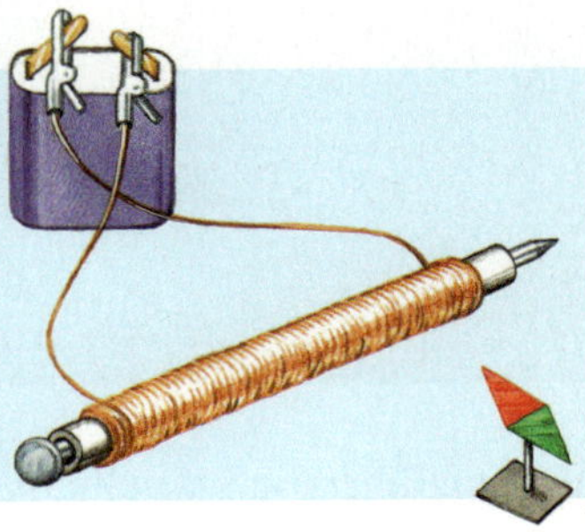
1

Zunächst wird an dem einen Ende der Nordpol der Magnetnadel angezogen und der Südpol abgestoßen. Hier ist der Südpol der Spule.
Am anderen Ende wird der Südpol der Magnetnadel angezogen und der Nordpol abgestoßen. Hier ist der Nordpol der Spule.
Vertauschst du nun die Anschlüsse an der Batterie, so dreht sich die Magnetnadel herum. Der Nordpol des Elektromagneten wird zum Südpol und umgekehrt.

Ein Elektromagnet hat einen magnetischen Nordpol und einen magnetischen Südpol.
Bei einem Elektromagneten kann man Nord- und Südpol vertauschen, indem man die Anschlüsse an der elektrischen Quelle vertauscht.

Sicher hast du bei den Experimenten bemerkt, was passiert, wenn du die Batterie von der Spule trennst, der elektrische Strom also ausgeschaltet ist: Die magnetische Wirkung der Spule verschwindet. Einen Elektromagneten kann man also leicht ein- und ausschalten, je nachdem, ob man ihn gerade braucht oder nicht.
Dies ist für viele Anwendungen in der Technik von Bedeutung: Zum Beispiel kann man mühelos Gegenstände aus Eisen anheben, transportieren und wieder absetzten (Bild 2). Seile und Haken sind hierbei überflüssig.

2

Ein Blick in die Technik

Magnetisch schweben und beschleunigen

1

Bislang fährt die Schnellbahn Transrapid nur auf einer kurzen Teststrecke im Emsland in Norddeutschland. Sie soll im Normalbetrieb Geschwindigkeiten bis zu 500 km/h erreichen und kann damit bei kleineren Entfernungen dem Flugverkehr Konkurrenz machen.
Beim Transrapid übernehmen starke Elektromagnete gleich mehrere Funktionen. Die Magnete sorgen zunächst dafür, dass der Zug völlig berührungslos über die Schienen schweben kann. Dazu ist der ganze Schienenweg mit Elektromagneten ausgelegt. Tragemagnete am Zug selbst ziehen diesen von unten bis auf 1 cm an die Schiene heran (Bild 3). Führmagnete sorgen gleichzeitig dafür, dass der Zug nicht seitlich „aus der Bahn" kommt.
100 000-mal in der Sekunde wird der Abstand zwischen Schiene und Fahrzeug genau vermessen. Ein Computer regelt dann die Stärke der Elektromagneten nach, sodass der Abstand zwischen Schiene und Fahrzeug immer genau gleich bleibt. Dadurch werden unerwünschte „Kratzer" verhindert.
Neben Tragen und Führen wird auch der Antrieb des Transrapid elektromagnetisch erreicht: Magnetische Nord- und Südpole wandern dazu entlang der Schiene und ziehen dabei an den Tragemagneten des Zuges. Dadurch wird der Zug angetrieben. Bei umgekehrter Polung lässt sich der Zug abbremsen.
Der Einsatz des Transrapid ist umstritten, weil für ihn eine neue Betontrasse durch die Städte und über das Land gebaut werden muss. Außerdem wird der Transrapid auch Lärm verursachen: Im Vergleich mit einem herkömmlichen Zug entfallen zwar die Rollgeräusche der Räder, aber bei den hohen Geschwindigkeiten des Transrapid kommt es zu erheblichen Windgeräuschen.

2

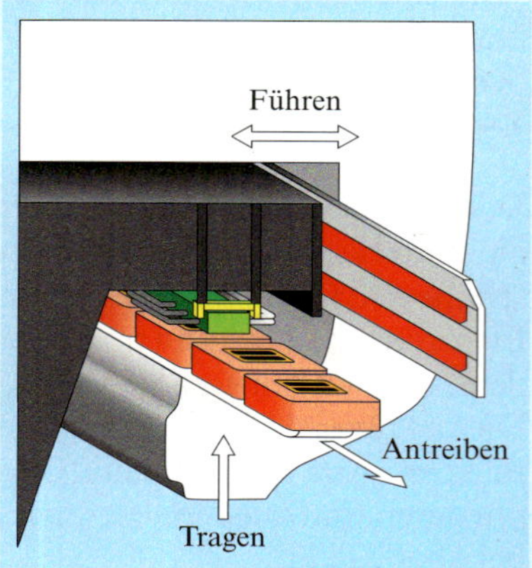

3

AUFGABEN

1. Wo werden im Haushalt überall Magnete benutzt? Nenne mindestens fünf Beispiele und beschreibe ihre Funktion!
2. Welche Stoffe werden von Magneten angezogen?
3. Ein Magnet zieht eine Büroklammer an und hält sie fest. Die Büroklammer zieht eine zweite an und hält sie. Wie ist das zu erklären?
4. In Automaten, an denen man mit Münzen bezahlen muss, sind Magnete eingebaut. Kannst du erklären, wozu sie dienen?
5. Die drei folgenden Bilder zeigen Experimente mit ähnlichen Ergebnissen. Zeichne die Bilder ab und male die Seiten der Magnete mit Farben aus (rot für Nord, grün für Süd)!

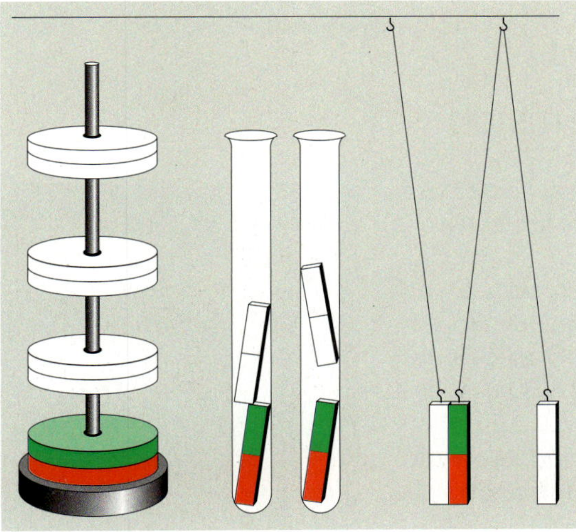
1

6. Warum darf das Gehäuse eines Kompasses nicht aus Eisen oder aus Nickel hergestellt werden?
7. Wo sind bei Magneten die Stellen mit der größten magnetischen Wirkung und wie heißen sie?
8. Von zwei Eisenstäben ist nur einer magnetisch. Wie kann man herausfinden, welcher von beiden magnetisch ist? Nenne mehrere Möglichkeiten!
9. Beschreibe mehrere Methoden, wie du den Nordpol eines Magneten herausfinden kannst!
10. Wovon hängt die Magnetwirkung einer Spule ab? Wie erreichst du eine besonders große Magnetwirkung?
11. Beim Transrapid übernehmen Elektromagnete unterschiedliche Aufgaben. Nenne die Aufgaben und erkläre! Warum werden keine Dauermagnete eingesetzt?
12. Nenne Beispiele, wo Dauermagnete eingesetzt werden und erkläre jeweils, warum dort keine Elektromagnete benutzt werden!
13. Untersuche die magnetische Wirkung von zwei Stabmagneten, wenn du diese unterschiedlich zusammen legst! Versuche eine Erklärung für das unterschiedliche Verhalten zu finden!

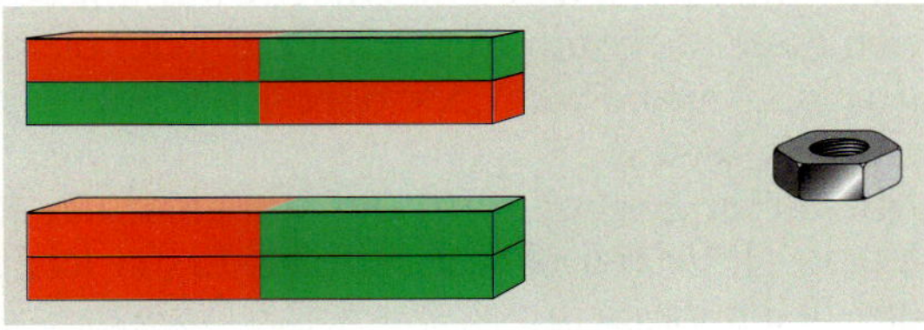
2

ZUSAMMENFASSUNG

Es gibt Dauermagnete und Elektromagnete.
Zwischen Magneten und Gegenständen aus Eisen, Nickel oder Kobalt wirken Anziehungskräfte.

Jeder Magnet hat einen Nordpol und einen Südpol.
An den Polen ist die magnetische Wirkung am größten.
Der Nordpol eines frei beweglichen Magneten zeigt nach Norden.
Ungleichnamige Pole zweier Magnete ziehen einander an, gleichnamige Pole stoßen einander ab.

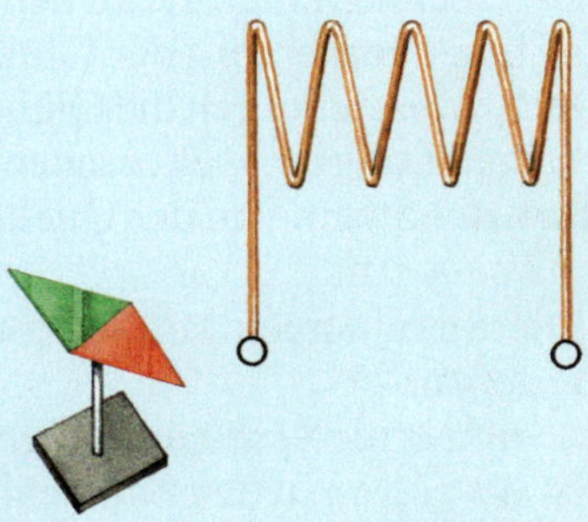

Elektromagnete kann man durch einen Eisenkern in ihrer Stärke verändern, sie sind ein- und ausschaltbar und umpolbar.

Es soll Leute geben, die gern saure Gurken essen und dann noch etwas von dem Gurkenwasser trinken.
Selbst wenn man es nicht trinkt, braucht man es nicht wegzugießen. Stellst du in das saure Gurkenwasser zwei Bleche aus Kupfer und Zink, hast du eine elektrische Quelle, die einen kleinen leicht gängigen Motor antreiben kann.
Du glaubst das nicht? – Probier es aus!

1

Elektrische Quellen unterscheiden sich

Mit der „Gurkenwasser-Quelle" könntest du allerdings keine Lampe zum Leuchten bringen. Dazu brauchst du eine andere elektrische Quelle.
Siehst du dir verschiedene Batterien, Akkumulatoren oder Dynamos vom Fahrrad an, erkennst du auf ihnen viele Angaben. So sehr sich diese auch unterscheiden, auf jeder elektrischen Quelle findest du eine Angabe wie 1,5 V oder 4,5 V oder 6 V oder 9 V. Das V liest man als *Volt*.
Mit dieser Einheit wird der italienischen Physiker ALESSANDRO VOLTA (Bild 2) geehrt. Er hat als Erster leistungsfähige elektrische Quellen hergestellt.
Die Volt-Zahlen geben Auskunft über die Spannung einer elektrischen Quelle. – Was bedeutet das?
Wird eine Fahrrad-Glühlampe an jede dieser vier elektrischen Quellen angeschlossen, so erkennt man: Die 1,5-V-Zelle reicht nicht aus, um die Lampe zum Leuchten zu bringen. Bei der Flachbatterie mit 4,5 V leuchtet die Lampe hell, bei dem Block mit 6 V wird sie noch heller. Schließt man sie an den Block mit 9 V an, glüht sie kurzzeitig auf und dann brennt der Glühfaden durch.
Der Strom, der durch die Glühlampe fließt, ist umso größer, je größer die Spannung der elektrischen Quelle ist. Die Spannung gibt an, wie stark der Strom von der Quelle angetrieben wird.

> Die Spannungen von elektrischen Quellen werden in Volt angegeben.
> Je größer die Spannung einer elektrischen Quelle ist, desto größer ist der Strom in den angeschlossenen elektrischen Geräten.

2

ALESSANDRO VOLTA (1745–1827)

3

Die Spannung der „Gurkenwasser-Quelle“ ist zu klein, um eine Fahrrad-Glühlampe zum Leuchten zu bringen. Dagegen ist die Spannung des Blocks mit 9 V zu groß, sie führt zur Zerstörung der Lampe.
Um elektrische Geräte vor der Zerstörung zu bewahren, gibt man auf diesen an, wie groß die Spannung der verwendeten elektrischen Quelle sein soll. Solche Angaben auf den elektrischen Geräten werden auch als *Nennspannung* bezeichnet.

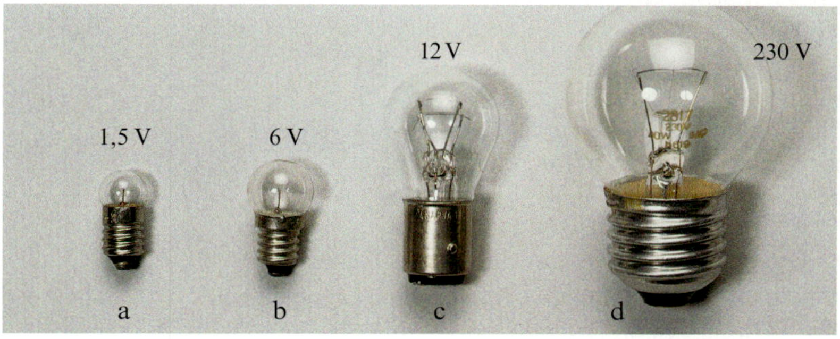

1

Verschiedene Glühlampen mit Spannungsangaben

Jedes elektrische Gerät ist für eine bestimmte Spannung gebaut. Ist die Spannung der benutzten elektrischen Quelle kleiner als die Spannung, für die eine Glühlampe vorgesehen ist, so leuchtet die Lampe nur schwach oder gar nicht.
Ist die Spannung der elektrischen Quelle wesentlich größer, wird die Lebensdauer der Glühlampe vermindert oder sie brennt sofort durch.

> Jedes elektrische Gerät ist für eine bestimmte Spannung gebaut. Diese Spannung ist auf dem Gerät angegeben.

Um beim Austausch von Batterien Verwechslungen zu vermeiden, gibt man den einzelnen Zellen, Batterien, Blöcken oder Akkumulatoren unterschiedliche Größen und Formen. Trotzdem musst du beim Auswechseln der elektrischen Quellen aufmerksam vorgehen. Batterien und Akkumulatoren haben nämlich zwei verschiedene elektrische Anschlüsse, einen Pluspol und einen Minuspol. Die zwei Pole sind auf der elektrischen Quelle mit (+) beziehungsweise (–) gekennzeichnet. Auf den Geräten ist mit denselben Symbolen gekennzeichnet, wo sich beim Einlegen der Batterie die jeweiligen Pole befinden müssen.
Auf die richtige Polung der Monozellen muss man auch achten, wenn mehrere Zellen in eine Taschenlampe einzulegen sind. Es müssen sich immer ungleiche Pole berühren (Bild 2). Nur dann addieren sich zum Beispiel die Spannungen von drei Batterien mit je 1,5 V zu insgesamt 4,5 V.
Eine 4,5-V-Flachbatterie besteht übrigens aus drei Monozellen, die so zusammengeschaltet sind, dass sich die Spannungen der einzelnen Monozellen addieren.

Schon gewusst?

Einige Spannungen	
Monozelle	1,5 V
Flachbatterie	4,5 V
Fahrrad-Dynamo	6 V
Autobatterie	12 V
Haushaltsnetz	230 V
Oberleitung der Eisenbahn	15 000 V
Überlandleitungen	bis 380 000 V

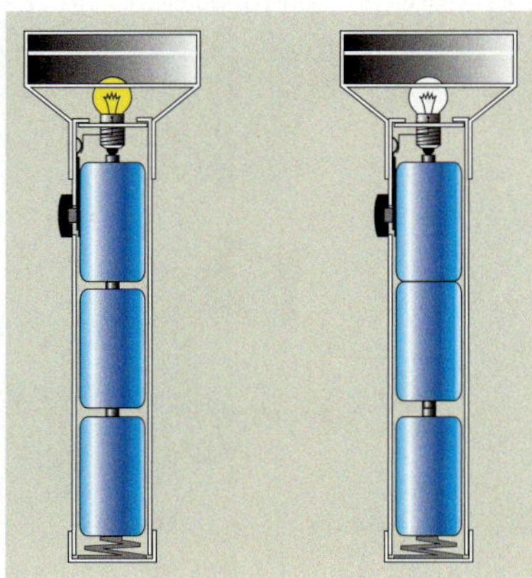
2

Elektrizität im menschlichen Körper

Leitet der menschliche Körper elektrischen Strom? Mit einer Experimentieranordnung wie im Bild 1 kann man nachweisen, dass unser Körper elektrischen Strom leitet. Wie groß der Strom durch unseren Körper ist, hängt zum einen von der benutzten elektrischen Quelle ab. Es spielt aber auch eine Rolle, wie gut der Übergang zwischen den metallischen Kontakten und der Haut ist. Je kräftiger man zufasst, desto größer wird der elektrische Strom. Noch größer wird der Strom, wenn die Hände feucht sind.

Warum ist elektrischer Strom gefährlich? Im Blut sind Salze gelöst. Dadurch ist Blut ein elektrischer Leiter. Fließt von außen durch den menschlichen Körper ein elektrischer Strom, so dienen die Blutgefäße als Leiter. Die Blutgefäße gehen auch durch die Muskeln. Die Ströme können Zuckungen und Verkrampfungen der Muskeln verursachen. Besonders gefährlich wird es, wenn der Strom direkt durch das Herz fließt. Es kann zu Störungen im Herzrhythmus kommen. Im schlimmsten Fall verkrampft sich der Herzmuskel und das Herz hört auf zu schlagen.
Eine weitere Gefahr besteht darin, dass es durch die Wärmewirkung des elektrischen Stromes zu Verbrennungen entlang der Blutbahnen kommt.

1

Dieses Experiment darf nur mit einer Batterie durchgeführt werden.

In unserem Körper fließen schwache elektrische Ströme. Unser Nervensystem besteht aus vielen Millionen von Nervenzellen, die mit dem Gehirn durch Nervenbahnen verbunden sind. Signale zwischen den Sinnesorganen, wie Augen, Ohren oder Haut, und dem Gehirn werden in Form von kurzzeitigen, schwachen elektrischen Strömen übermittelt. Auch das Zusammenziehen und Strecken der Muskeln wird durch elektrische Stromstöße verursacht.
Diese Signale lassen sich am Kopf messen (Bild 3). Sie können auf einem Monitor sichtbar gemacht oder auf Papierstreifen aufgezeichnet werden. Die entstehenden Kurven heißen Elektro-Enzephalogramme (EEG). Aus ihnen können Ärzte Rückschlüsse über den Gesundheitszustand des Gehirns ziehen.

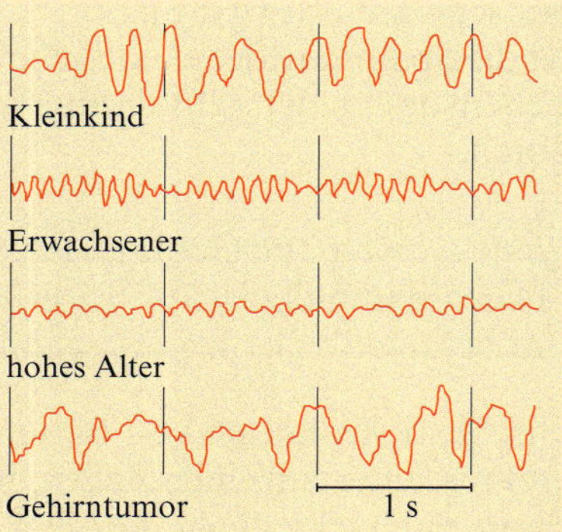

2

Ein EEG weist im Ruhezustand typische, regelmäßige Strukturen auf. An Unregelmäßigkeiten können manche Krankheiten des Gehirns erkannt werden.
Die an der Kopfhaut auftretenden Spannungen betragen ungefähr 0,000 1 V.

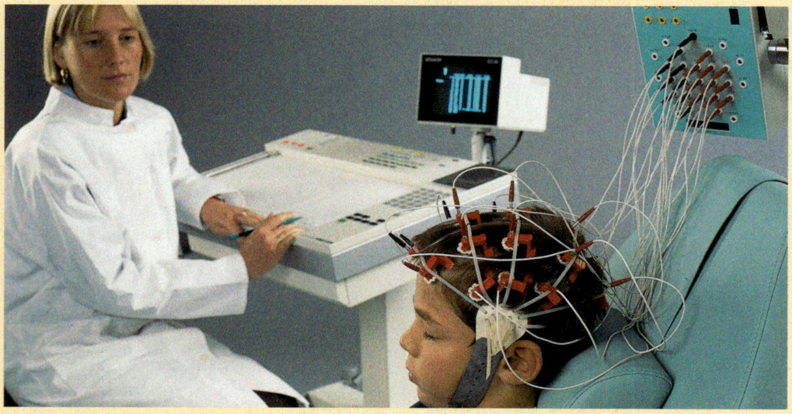
3

Aufnahme eines Elektro-Enzephalogramms (EEG)

Das Herz ist eine kleine elektrische Quelle. Bei allen Lebewesen erzeugen die großen Muskeln, insbesondere die Herzmuskeln, elektrische Ströme. Die elektrischen Stromstöße, die beim Herzschlag auftreten, können im Bereich des Brustkorbs, aber auch an Händen und Füßen gemessen werden. Damit man sie besonders deutlich wahrnehmen kann, werden die Kontaktplättchen angefeuchtet. Dadurch entsteht ein guter Übergang für den elektrischen Strom. Die Aufzeichnung dieser elektrischen Stromstöße nennt man Elektro-Kardiogramm (EKG).
Mithilfe eines EKG lässt sich feststellen, ob das Herz im normalen Zustand des Körpers und bei sportlicher Betätigung regelmäßig arbeitet (Bild 2).

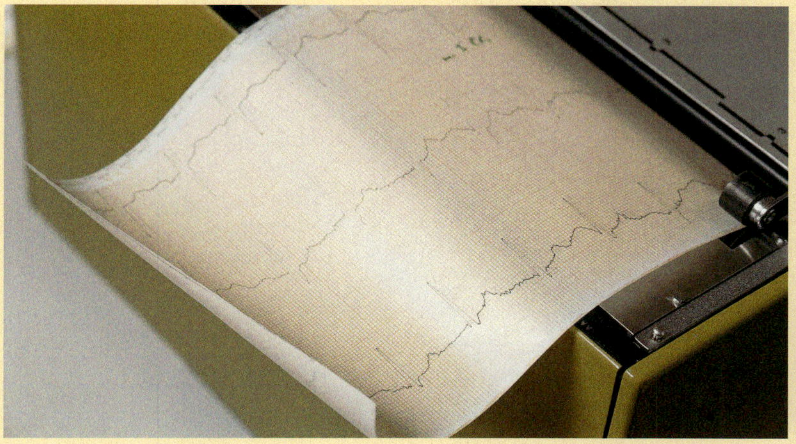
1

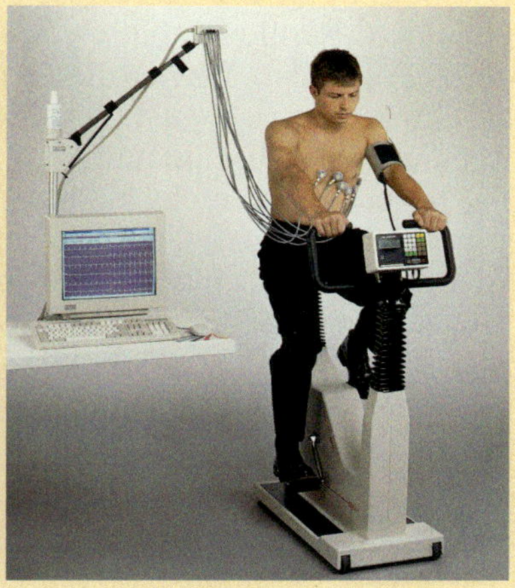
2

Ein Herzschrittmacher kann lebenswichtig sein. Unser Herz schlägt im Ruhezustand etwa 60- bis 100-mal pro Minute. Bei sogenannten Herzrhythmusstörungen kommt es vor, dass das Herz viel schneller oder viel langsamer schlägt. Unterhalb von etwa 40 Schlägen pro Minute wird es für den Menschen gefährlich. Menschen, deren Herz zu langsam schlägt, kann mit einem Herzschrittmacher geholfen werden (Bild 3).
Der Herzschrittmacher steuert den Rhythmus des Herzschlages über kleine Stromstöße. Er wird meist in der Nähe der Schulter unter der Haut eingepflanzt und über eine elektrische Leitung mit dem Herzen verbunden. Moderne Herzschrittmacher sind in der Lage, das Herz 60- bis 160-mal pro Minute schlagen zu lassen – je nach Belastung des Körpers.

3

AUFGABEN

1. Warum benutzt man zum Anfeuchten der Kontaktplättchen salzhaltiges Wasser und nicht reines, destilliertes Wasser?
2. Wo befinden sich die elektrischen Quellen
   a) für das EEG und
   b) für das EKG?
3. Was ist der Nachteil eines Herzschrittmachers, der nur immer denselben Rhythmus angeben kann?
4. In manchen Filmen sieht man, dass bei Verhören sogenannte Lügendetektoren benutzt werden. Wie sollen diese wohl funktionieren?

Ein Blick in die Technik

Gefahren der Elektrizität

Der menschliche Körper kann den elektrischen Strom leiten. Schon beim Berühren der zwei Pole einer Flachbatterie fließt durch deinen Körper ein schwacher elektrischer Strom. Diesen kannst du auch spüren, wenn man zum Beispiel die zwei Pole einer Flachbatterie an die Zunge bringt. Das ist zwar nicht angenehm, doch noch völlig ungefährlich.
Gefährlich wird es aber bereits ab etwa 40 V. Deshalb wurde für elektrische Spielzeuge und für Schülerexperimente festgelegt, dass die Spannung der elektrischen Quellen 24 V nicht übersteigen darf.
Die Spannung der Steckdosen beträgt 230 V. Sie birgt tödliche Gefahren. Berühre daher nie die Pole einer Steckdose – auch nicht einen Pol allein! Wegen dieser tödlichen Spannung darfst du an defekten elektrischen Haushaltsgeräten oder Steckdosen keine Reparaturen selbst ausführen!
Du brauchst gar nicht beide Leitungen zum Gerät zu berühren, schon das Berühren einer einzigen Leitung kann einen tödlich wirkenden elektrischen Schlag auslösen. Das gilt auch für die Fahrleitungen von Straßenbahnen und die Überlandleitung. Die Ursache liegt in der Art, wie die Elektrizität vom Kraftwerk zu den Wohnhäusern oder den Lokomotiven gelangt (Bild 1).

Tipps zur Sicherheit

- Elektrische Geräte nie über gefüllten Waschbecken oder Badewannen benutzen bzw. aufstellen!
- Nicht mit elektrischen Geräten hantieren, wenn man nasse Hände hat!
- Vor dem Auswechseln von Glühlampen die Sicherung abschalten!
- Elektrische Leitungen nicht quetschen oder erhitzen, damit die Isolation keinen Schaden nimmt!
- Kleinkinder durch Kindersicherungen in den Steckdosen schützen!

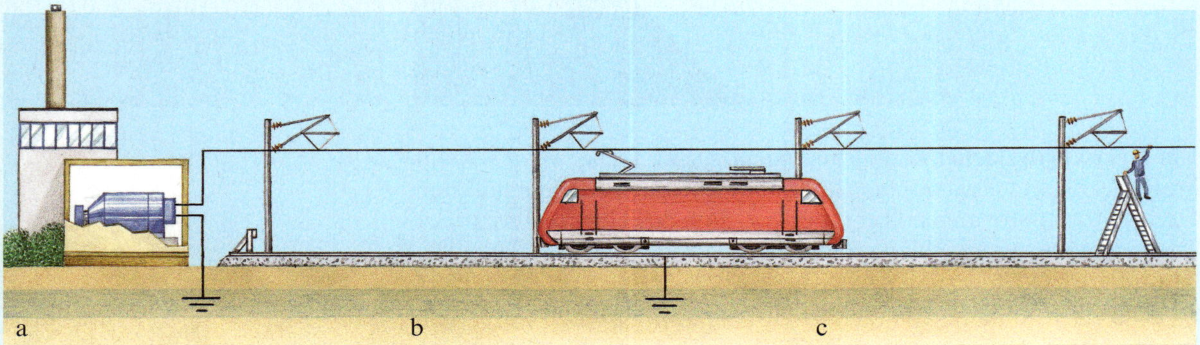

1

a: Im Kraftwerk befindet sich ein Generator. Er ist die elektrische Quelle für die Lokomotive. Sie muss durch zwei Anschlüsse mit dem Generator verbunden sein.

b: Ein Anschluss ist die Oberleitung, der Fahrdraht der Lokomotive. Als zweite Leitung benutzt man die Schienen und das Grundwasser. So spart man Leitungsmaterial.

c: Wenn ein Mensch den Fahrdraht berührt, ist der Stromkreis ebenfalls geschlossen. Der elektrische Strom fließt durch den Körper und die Erde.

In Wirklichkeit ist es noch gefährlicher: Bereits vor Berührung des Fahrdrahtes der Eisenbahn oder der Überlandleitung springt wegen der hohen Spannung ein tödlich wirkender Funke über.
Auch in Wohnungen ist das Berühren einer einzigen Leitung der Steckdose oder eines elektrischen Gerätes äußerst gefährlich. Der Stromkreis kann hier ebenfalls über den Fußboden und die Hauswand zur Erde geschlossen werden. Diese Gefahr erhöht sich in Räumen, in denen Wasser die Leitung zur Erde verbessert. Deshalb ist es tödlicher Leichtsinn, während des Badens oder Duschens elektrische Geräte zu betreiben (Bild 2).

2

AUFGABEN

1. Stecke eine Aluminiumgabel (oder eine kleines Blech aus Aluminium) und ein Stahlmesser in eine Kartoffel. Prüfe mit einem Messgerät, ob die Kartoffel zusammen mit dem Messer und der Gabel eine elektrische Quelle ist!

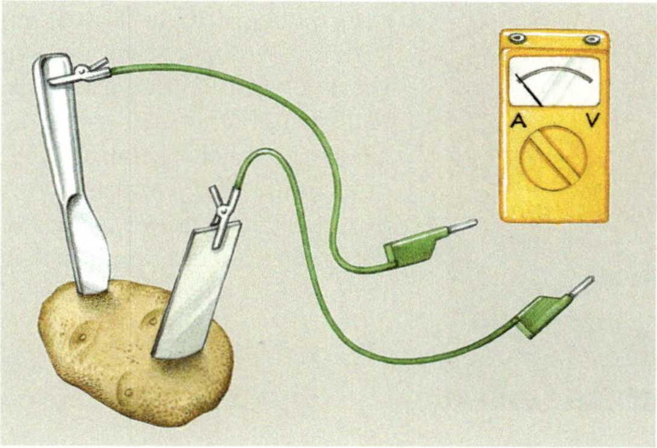

1

2. Tauche eine Kupferplatte und eine Zinkplatte in eine sehr salzige Kochsalzlösung ein. Verbinde beide Platten mit der kleinsten Glühlampe, die dir zur Verfügung steht!
3. Lass dir von deinen Eltern alle Geräte aus eurem Haushalt zeigen, in denen Batterien oder Akkumulatoren als elektrische Quelle dienen. Stelle in einer Tabelle die Geräte, die Bezeichnung der elektrischen Quellen und der jeweiligen Spannungen zusammen!
4. Ein Junge will besonders pfiffig sein, er schraubt in den Scheinwerfer seines Fahrrads eine 4,5-V-Glühlampe ein. Was beabsichtigt er damit und was wird er erleben?
5. Eine Hausklingel erfordert eine Spannung von 12 V. Das Leitungsnetz im Haus hat aber eine Spannung von 230 V. Darf man die Klingel dort anschließen? Weißt du wie man sich hilft?
6. Wie kann man mit mehreren Monozellen eine Spannung von 9 V erzeugen?
7. Die Spannung vom Haushaltsnetz beträgt nicht in allen Ländern 230 V. So beträgt sie in Kanada und in den USA nur 130 V. Welche Folgen hat das für deutsche Urlauber?
8. Begründe die einzelnen Sicherheitstipps auf der Seite 66!
9. Warum haben wohl Glühlampen so viele verschiedene Fassungen?
10. Einen Menschen, der einen elektrischen Schlag erhalten hat und noch mit der Leitung in Kontakt ist, darfst du zu deiner eigenen Sicherheit nicht berühren. Warum?
11. Wo befindet sich in eurem Physikraum die rote Pilzdrucktaste zum Abschalten des elektrischen Stromes?
12. Vögel können ungefährdet auf Freileitungen sitzen. Menschen, die auf dem Boden stehen, dürfen jedoch auf keinen Fall mit den Freileitungen in Berührung kommen. Begründe!

2

ZUSAMMENFASSUNG

Die Spannungen von elektrischen Quellen werden in Volt (V) angegeben.
Je größer die Spannung einer elektrischen Quelle ist, desto größer ist der Strom in den angeschlossenen elektrischen Geräten.

Jedes elektrische Gerät ist für eine bestimmte Spannung gebaut. Diese Spannung ist auf dem Gerät angegeben.

Elektrische Quellen mit Spannungen über 40 V können eine große Gefahr für den Menschen darstellen.

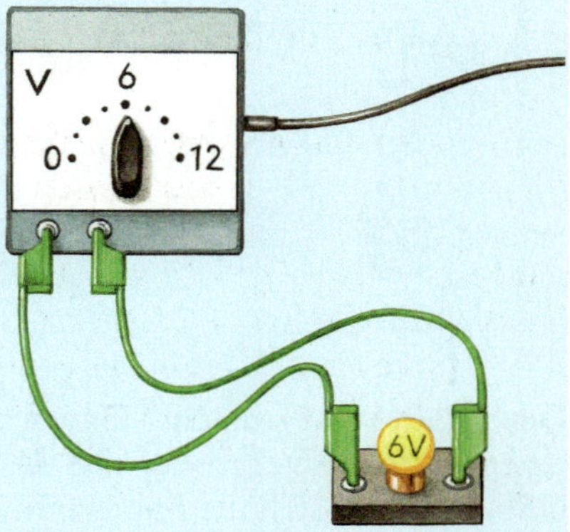

Wärmewirkung des elektrischen Stromes

Herr Sonnenschein will seiner Familie eine Freude machen. Es soll Frühstück auf der Terrasse geben und alles soll stets frisch zubereitet werden.
Damit er nicht dauernd in die Küche laufen muss, hat Herr Sonnenschein ein Verlängerungskabel verlegt. Daran werden nun Wasserkocher, Toaster, Eierkocher und auch noch das Radio angeschlossen. –
Leider geht der Plan nicht auf. Statt in die Küche muss Herr Sonnenschein immer wieder in den Keller gehen, um die Sicherung wieder einzuschalten.

1

Erwärmen eines Leiters

Die Wärmewirkung des elektrischen Stromes kennst du von vielen Geräten, z. B. dem Elektroherd, dem Bügeleisen oder dem Föhn. Diese Wirkung kann in einfachen Experimenten genauer untersucht werden. Günstig sind hierbei dünne Drähte aus Kupfer und Konstantan. Konstantan ist eine Legierung (Mischung) aus verschiedenen Metallen.

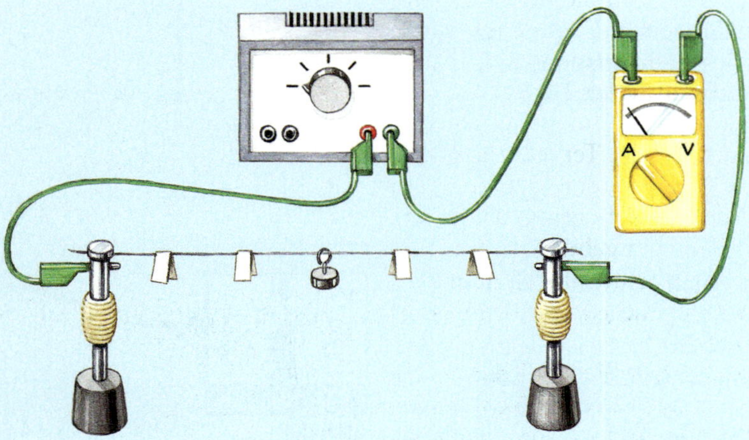

EXPERIMENT 1
Zwischen zwei Stielklemmen wird ein dünner Draht aus Konstantan gespannt. Auf den Draht werden kleine Papierfähnchen gesetzt und es wird ein kleines Wägestück angehängt.
Der Draht wird zusammen mit einem Strommessgerät an eine elektrische Quelle angeschlossen. Der Strom wird mit dem Schalter an der Quelle schrittweise vergrößert.

2

Der Draht wird zunächst länger, das Wägestück senkt sich ab. Bei einer weiteren Vergrößerung des Stromes beginnt der Draht zu glühen, wobei sich die Papierfähnchen entzünden. Wird der Strom noch größer, schmilzt der Draht.

In diesem Experiment wurde ein Draht aus Konstantan benutzt. Zeigt sich die Wärmewirkung auch bei anderen Drähten? Wovon hängt die Wärmewirkung in den Drähten ab?

EXPERIMENT 2
Zwischen die Stielklemmen werden zwei unterschiedlich dicke, aber gleich lange Drähte aus Konstantan eingespannt und mit Papierfähnchen behängt. Sie werden zusammen mit einem Strommessgerät an eine elektrische Quelle angeschlossen.
Nach dem Schließen des Stromkreises wird der elektrische Strom mit dem Schalter an der elektrischen Quelle vergrößert.
Danach wird das Experiment mit zwei Drähten aus Kupfer und aus Konstantan wiederholt. Sie sind gleich stark und gleich lang.

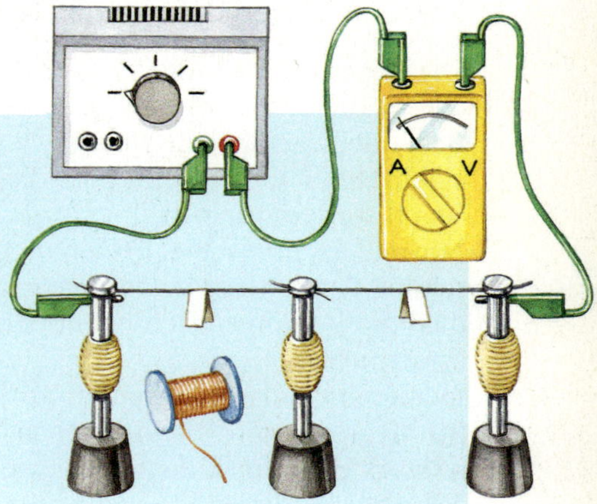

1

Im ersten Teil des Experiments brennen die Papierfähnchen zunächst nur auf dem dünneren Draht. Im zweiten Teil brennen sie zunächst nur auf dem Konstantandraht.

2

Fließt ein elektrischer Strom durch einen Draht, so erwärmt sich der Draht.
- Die Temperaturerhöhung ist umso größer, je größer der elektrische Strom und je kleiner der Durchmesser des Drahtes ist.
- Die Temperaturerhöhung eines Drahtes hängt von seinem Material ab.

Glühwendeln. Die Wärmewirkung des elektrischen Stromes nutzt man auch in der Glühlampe. Damit eine Glühlampe ein Licht ausstrahlt, das dem Licht der Sonne möglichst ähnlich ist, muss ihr Glühdraht eine Temperatur von weit über 2 000 °C erreichen. Solch hohen Temperaturen halten nur Drähte aus besonderen Metallen Stand. Am häufigsten nutzt man Wolfram. Dieses Metall schmilzt erst bei einer Temperatur von 3 380 °C.
Mit Drähten aus Wolfram erreicht man solche Temperaturen am besten, wenn die Drähte zu einer Wendel oder gar zu einer Doppelwendel gedreht sind (Bild 3). Der einzelne gestreckte Draht gibt nämlich viel thermische Energie an die Umgebung ab.
Bei einer Wendel erwärmen sich die einzelnen Drahtschleifen gegenseitig. Dadurch erreichen die Wendel und ganz besonders die Doppelwendel eine höhere Temperatur.
In einer modernen 40-W-Glühlampe ist zum Beispiel ein 80 cm langer Wolframdraht in etwa 1 000 Windungen zu einer 3 cm langen Doppelwendel gewickelt. Sie erreicht eine Temperatur von etwa 2 600 °C. Der Glaskolben ist mit Stickstoff gefüllt. Käme der heiße Wolframdraht mit dem Sauerstoff der Luft in Berührung, würde er schnell verbrennen. In Stickstoff hat der Glühdraht hingegen eine Lebensdauer von etwa 1 000 Betriebsstunden.
In Halogenlampen (Bild 4) befinden sich andere Gase. Sie ermöglichen noch höhere Temperaturen des Glühdrahtes.

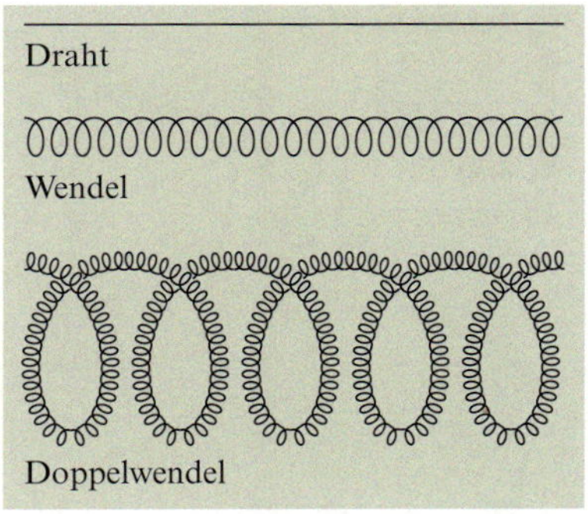

3

4

Gefahren der Wärmewirkung

Die Experimente 1 und 2 zeigen deutlich die Brandgefahren, die mit der Wärmewirkung des elektrischen Stromes verbunden sind. Besonders gefährlich wird es, wenn sich die Zuleitungskabel zu einem elektrischen Gerät oder die Leitungen unter dem Putz an der Wand stark erwärmen.
Normalerweise ist das jedoch nicht möglich. Man wählt den Querschnitt der Unterputzleitungen und der Zuleitungskabel so groß, dass die Leitungen sich bei normalem Betrieb so gut wie gar nicht erwärmen.
Dennoch kann es gelegentlich zu Situationen kommen, in denen der Strom größer wird als vorgesehen. Dabei könnten sich die Leitungen so stark erwärmen, dass es zu einem Brand kommt.
Es gibt allerdings Möglichkeiten, sich gegen solche Gefahren zu schützen (siehe Seite 71).

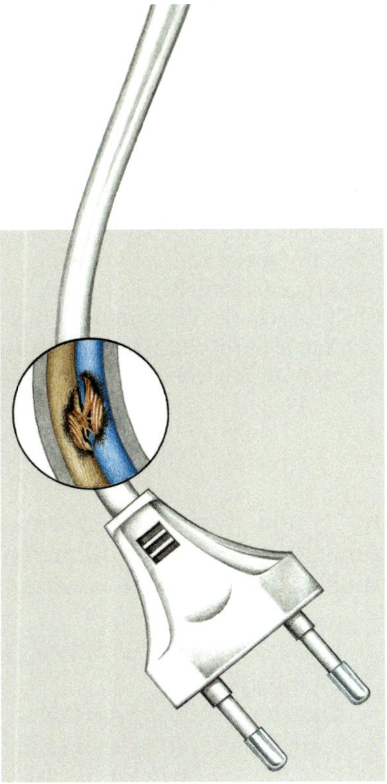
1

Kurzschluss. Manchmal wird gedankenlos ein elektrisches Kabel hin- und hergeknickt. Darunter leidet die Isolation des Kabels. Zusammen mit der langsamen Alterung eines Kabels kann dies zu einer Beschädigung der Isolation an den Kabeladern führen. In einem solchen Fall schließt sich der Stromkreis auf „kurzem Wege", ohne dass der Strom durch das angeschlossene Gerät fließt (Bild 1). Der Strom im Kabel ist dann sehr viel größer als vorgesehen.
Im folgenden Experiment kannst du einen Kurzschluss herstellen und seine Wirkung beobachten.

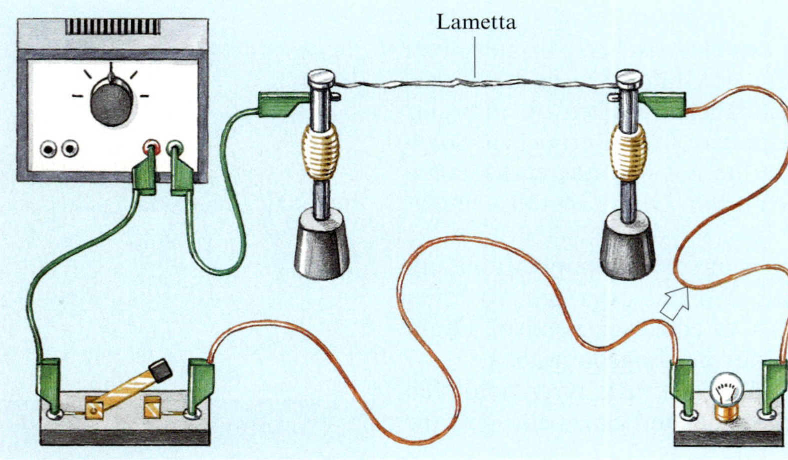

2

EXPERIMENT 3
1. Baue den abgebildeten Stromkreis auf. Verwende dabei einen blanken Draht aus Kupfer!
2. Schließe zunächst den Schalter! Was beobachtest du?
3. Vergewissere dich, dass der blanke Draht nicht heiß geworden ist. Bringe dann die beiden blanken Drähte miteinander in Berührung!

Der Lamettafaden schmilzt durch, weil beim Kurzschluss der Strom sehr groß wird.

Bei einem Kurzschluss fließt der elektrische Strom nur durch Leitungen von einem Pol der elektrischen Quelle zum anderen. Er fließt nicht durch das angeschlossene Elektrogerät. Dabei können sich Teile von Leitungen stark erwärmen.

Überlastung. Zu einer Überlastung der Leitungen kommt es, wenn in einem Stromkreis zu viele Geräte angeschlossen werden.

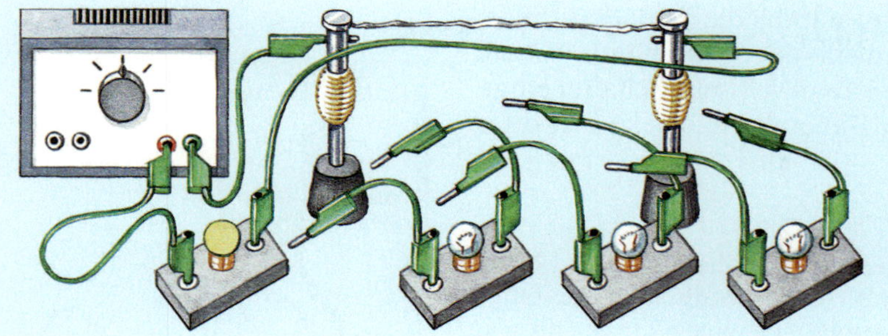

1

EXPERIMENT 4
In einem Stromkreis befinden sich eine Lampe und ein Stück Lametta (oder ein sehr dünner Eisendraht).
Nach und nach werden immer mehr gleichartige Lampen parallel zur ersten Lampe hinzugeschaltet.

Wenn einige Lampen parallel angeschlossen sind, beginnt der Lamettafaden zu glühen.
Alle Glühlampen leuchten gleich hell. Das heißt: durch jede Glühlampe fließt dann ein gleich großer Strom wie durch die erste Glühlampe. Und weil der gesamte Strom durch den Lamettafaden fließt, ist dort der Strom irgendwann so groß, dass der Faden heiß wird.

Durch Parallelschalten von elektrischen Geräten wird der Strom vergrößert. Dabei können sich Teile von Leitungen sehr stark erwärmen.

Übrigens

Um die Leitungen in Wohnungen vor Überlastung zu schützen, werden die Anschlüsse für elektrische Großgeräte auf mehrere Stromkreise verteilt.
Auch die Steckdosen in verschiedenen Zimmern sind meistens nicht über denselben Stromkreis mit dem Hausanschluss verbunden.

Schutz vor unerwünschter Wärmewirkung

Zum Schutz der Wohnräume und einzelner elektrischer Geräte baut man in den Stromkreis oder in die Geräte Sicherungen ein.

Schmelzsicherung. Bild 2 zeigt Schmelzsicherungen, wie sie in Autos und elektronischen Geräten eingebaut werden. Der Schmelzdraht hat jeweils einen solchen Durchmesser, dass er sich im normalen Betrieb des Stromkreises nur geringfügig erwärmt.
Wenn aber der Strom größer wird und einen bestimmten Wert überschreitet, schmilzt der Draht. Dadurch wird der Stromkreis unterbrochen und der Fehler kann behoben werden.

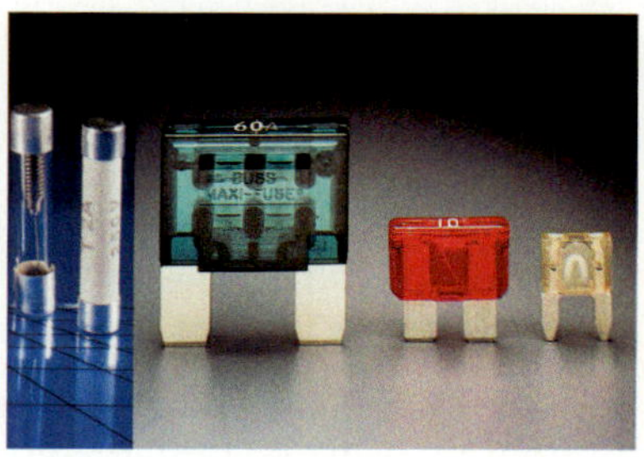

2

Schmelzsicherungen

Sicherungsautomat. Eine Schmelzsicherung ist nur einmal zu gebrauchen. Im Haushalt werden daher zumeist Sicherungsautomaten eingesetzt, in denen die magnetische Wirkung und die Wärmewirkung des Stromes genutzt werden (Bild 3).
In einem Sicherungsautomaten befinden sich ein Elektromagnet und ein Bimetallstreifen. Der Elektromagnet öffnet den Stromkreis bei plötzlicher Erhöhung des Stromes; der Bimetallstreifen schaltet den Stromkreis bei langsamer Vergrößerung des Stromes aus. In beiden Fällen wird ein Hebel umgelegt, der den Stromkreis unterbricht.

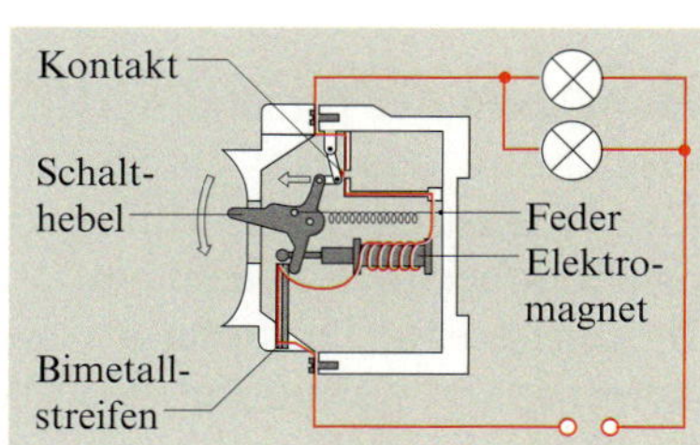

3

Sicherungsautomat

Wie man die Temperatur regeln kann

In einem Bügeleisen soll die Temperatur immer ungefähr dieselbe bleiben. Es wäre sehr lästig, wenn man ständig die Temperatur messen und dann nach Bedarf den Strom ein- oder ausschalten müsste. Daher werden häufig Bimetallstreifen als elektrische Schalter eingesetzt. Ein Beispiel für einen solchen Bimetallschalter kannst du in einem Experiment erproben.

EXPERIMENT 5

1. Baue dir aus einer elektrischen Quelle, einer Glühlampe und einem Bimetallschalter einen Stromkreis auf! Als Bimetallschalter befestigst du einen Bimetallstreifen (Stahlseite oben) und eine Kontaktspitze an zwei Stielklemmen.
2. Schalte die Quelle ein und erwärme den Bimetallstreifen mit einer Kerze!
3. Ändere die Schaltung so um, dass sich der Bimetallschalter erst bei Erwärmung schließt!

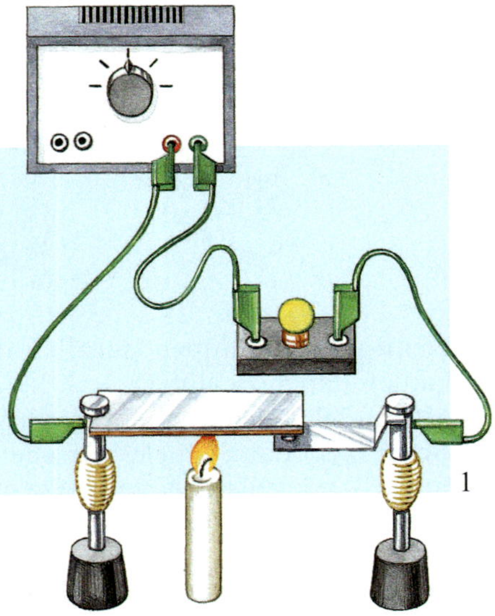
1

Im diesem Experiment fließt der elektrische Strom direkt durch den Bimetallstreifen. In einem richtigen Bimetallschalter ist das anders. Der Bimetallstreifen gehört nicht zum Stromkreis. Er krümmt sich, wenn sich die Temperatur in seiner Umgebung ändert.

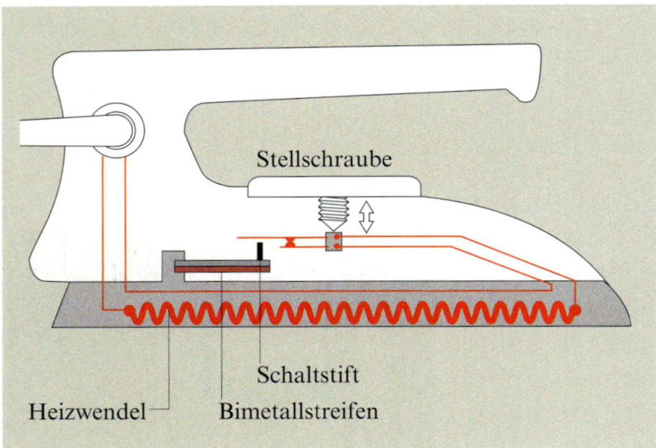

2

Durch den Heizdraht wird der Boden des Bügeleisens erwärmt. Wenn die Temperaturerhöhung groß genug ist, krümmt sich der Bimetallstreifen und der Schaltstift öffnet den Stromkreis.

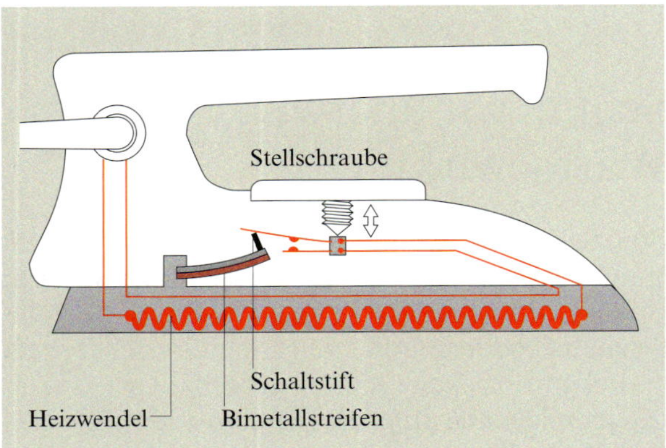

3

Im geöffneten Stromkreis heizt der Heizdraht nicht mehr. Allmählich kühlt sich der Bimetallstreifen ab und seine Krümmung geht zurück. Ist er genügend abgekühlt, schließt sich der Stromkreis wieder.

Damit dient der Bimetallschalter im Bügeleisen als Thermostat: er sorgt dafür, dass die Temperatur des Bügeleisens stets zwischen einer Höchsttemperatur und einer Mindesttemperatur bleibt. Man spricht dabei auch von einem *Regelkreis*.

Die angestrebte Temperatur lässt sich in einem Bügeleisen mit einer Stellschraube verändern. Wird die Stellschraube herausgedreht, so muss sich der Bimetallstreifen stärker krümmen, um die Heizung abzuschalten. Die Temperatur des Bügeleisens ist also dann höher.

Schon gewusst?

Bimetallschalter gibt es auch in
- Aquarien
- Haartrocknern
- Toastern
- Warmhalteplatten
- Sicherungsautomaten

AUFGABEN

1. Nenne möglichst viele elektrischen Geräte in eurer Wohnung, welche die Wärmewirkung des elektrischen Stromes nutzen!
2. In einem Toaster sollen die Heizdrähte erwärmt werden, nicht aber die Zuleitungen. Wie erreicht man das?
3. Betrachte die Glühwendeln von verschiedenen Glühlampen mit einer Lupe!
   Was fällt dir alles auf?
4. Aus welchem Material werden Glühwendeln hergestellt? Was ist der besondere Vorteil dieses Materials?
5. Warum brennt bei einer Glühlampe stets der Glühdraht und nie der in Glas eingeschmolzene Haltedraht durch?
6. Untersuche die Wirkung von gewendelten Drähten! *(Kein Hausexperiment!)*
   a) Wähle drei etwa 50 cm lange Konstantandrähte. Wickle zwei dieser Drähte über einer Stricknadel zu einer Wendel, wie im Bild 3 auf Seite 69! Eine solche Wendel drehst du noch einmal über die Stricknadel zu einer Doppelwendel.
   b) Schalte die drei Drähte mithilfe von Stielklemmen in einen Stromkreis und versieh sie mit Papierfähnchen!
   c) Schalte die elektrische Quelle ein!
   d) Zeichne die Schaltskizze und beschreibe deine Beobachtungen!
7. Nenne mögliche Ursachen, die zu einem Kurzschluss führen könnten! Wie kann man diese vermeiden?
8. Bild 1 zeigt den Querschnitt durch eine Schmelzsicherung. Beschreibe jeweils die Funktion ihrer Einzelteile!
9. Lass dir von deinen Eltern zeigen, wo sich bei euch die Sicherungen befinden!
   a) Sind es Schmelzsicherungen oder Sicherungsautomaten?
   b) Welche Stromkreise sichern die einzelnen Sicherungen ab?

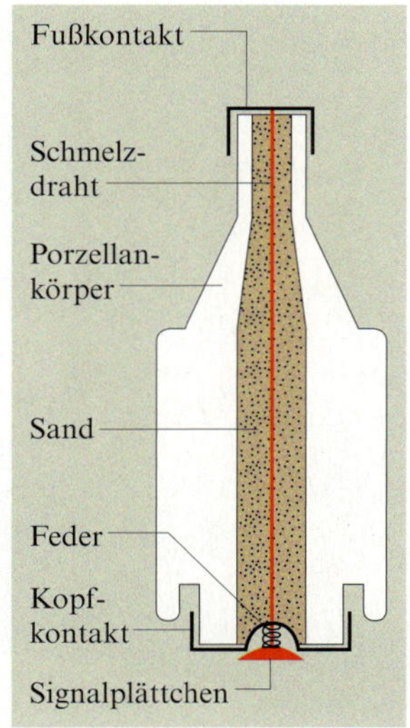

1

10. Was versteht man unter der Überlastung eines Stromkreises? Skizziere eine Parallelschaltung von 3 Geräten. Kennzeichne die Stellen, an denen es zu einer Überlastung kommen könnte und begründe!
11. Vergleiche die Dicke der Zuleitungskabel zu verschiedenen Elektrogeräten in eurer Wohnung! Wie erklärst du dir die Unterschiede?
12. Befindet sich im Regler-Bügeleisen (Bild 2, Seite 72) bei der Einstellung „Baumwolle/Leinen" die Stellschraube ganz oben oder ganz unten?
13. Bei einem Bimetallschalter fließt der Strom oft gar nicht durch das Bimetall selbst. Versuche, einen Grund dafür zu finden!

ZUSAMMENFASSUNG

Fließt ein elektrischer Strom durch einen Draht, so erwärmt sich der Draht.
Die Temperaturerhöhung ist umso größer, je kleiner der Durchmesser des Drahtes und je größer der elektrische Strom ist. Sie hängt auch vom Material des Drahtes ab.

Durch Kurzschluss oder Überlastung können sich Teile von Stromkreisen stark erwärmen. Um dies zu verhindern, werden Sicherungen verwendet.

Mit Bimetallschaltern kann man Regelkreise für das Regeln der Temperatur aufbauen.

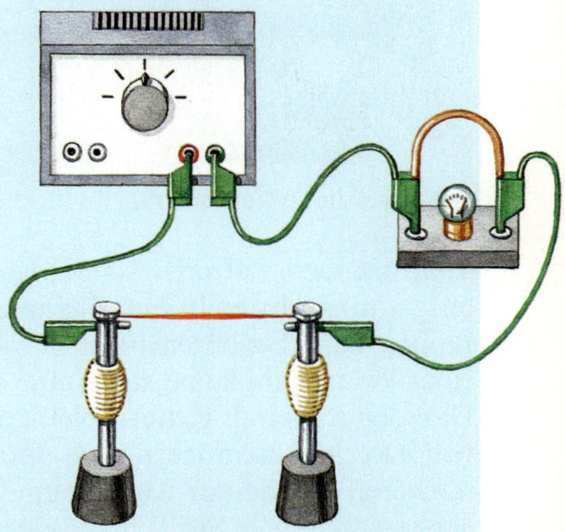

Kraftwerke versorgen unsere Haushalte mit Elektrizität.
In Taschenlampen und anderen kleinen Geräten sind „Minikraftwerke“ eingebaut.
Bei einem Walkman hört der Spaß jedoch irgendwann auf. Die Musik wird undeutlich, die Kassetten beginnen zu leiern. Die Batterien sind „leer“.

1

Volle und leere Batterien

Wenn du deine Taschenlampe häufig benutzt, stellst du bald fest, dass die Glühlampe schwächer und schwächer leuchtet. Die Batterien sind verbraucht. Gewöhnliche Batterien werden dann weggeworfen, sogenannte Akkus können wieder aufgeladen werden. (Akku steht für Akkumulator und das heißt soviel wie Speicher.)

2

Hier sind die Batterien voll.

3

Hier sind sie fast leer.

Volle und leere Batterien sehen gleich aus. Durch Ansehen einer Batterie kannst du nicht entscheiden, ob sie noch „voll“ ist und eine Lampe zum Leuchten bringen kann. Auch ein „Frischetest“ mit einer Waage gibt keine Auskunft.
Das Gewicht einer Batterie bleibt immer dasselbe – egal, ob sie noch voll ist oder schon leer. Auch wird ein Akku beim Aufladen nicht schwerer, so wie ein Auto beim Tanken schwerer wird. Batterien geben also keinen Stoff an die elektrischen Geräte ab.

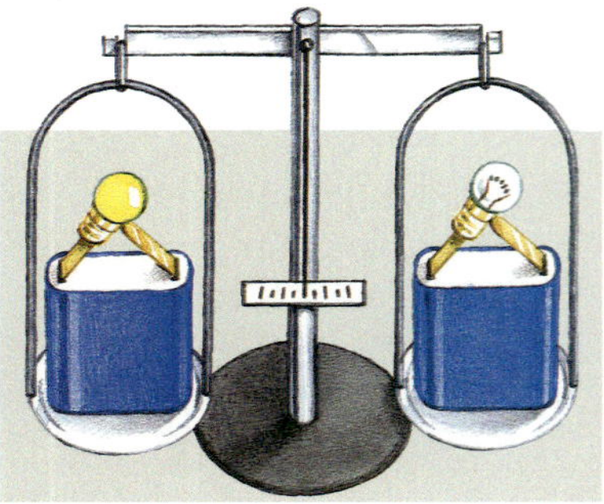

4

Umwandlung elektrischer Energie

Es gibt viele Geräte, in denen die Wärmewirkung des elektrischen Stromes ausgenutzt wird. Beispiele sind die Glühlampe und der Toaster. Aber auch andere elektrische Geräte können recht heiß werden, selbst wenn sie gar nicht dafür gebaut sind. So müssen die meisten Computer ständig gekühlt werden.
Tatsächlich werden alle elektrischen Geräte erwärmt, sobald sie von einem Strom durchflossen werden. Daraus kann man schließen, dass die Geräte durch das Fließen des Stromes Energie erhalten, denn zum Erwärmen eines Gegenstandes ist immer Energie erforderlich (siehe S. 23).

> Fließt ein elektrischer Strom durch ein Gerät, so wird dem Gerät dabei Energie zugeführt.

Die Energie wird dabei jedoch in anderer Weise übertragen als zwischen einem heißen und einem kalten Körper. Schüttet man heißes Blei in kaltes Wasser, so wird das Blei kälter und das Wasser wird wärmer, bis beide dieselbe Temperatur haben.
Eine Batterie kann aber eine Glühlampe „heizen", obwohl sie selbst viel kälter ist. Die Energie wird mithilfe des elektrischen Stromes übertragen. Man sagt auch: Die Glühlampe wird von der Batterie mit **elektrischer Energie** versorgt.
Dabei verändert sich auch die Batterie: Sie wird zwar nicht kälter wie das heiße Blei, sie wird auch nicht leichter, sondern es finden in ihr *chemische Umwandlungen* statt. Manchen alten Batterien sieht man diese chemischen Umwandlungen sogar von außen an: Es kann dazu kommen, dass der Zinkmantel der Batterie zerstört wird und die Batterie ausläuft.
In einer vollen Batterie ist **chemische Energie** gespeichert, ähnlich wie in einem heißen Körper thermische Energie gespeichert ist.

> Eine Batterie kann elektrische Energie erzeugen. Dabei nimmt die chemische Energie in der Batterie ab. Mithilfe des Stromkreises kann die elektrische Energie zu einem elektrischen Gerät transportiert und dort z. B. in thermische Energie umgewandelt werden.

Mit einem einfachen Schaubild lässt sich der Weg der Energie von der Batterie zu einem elektrischen Gerät darstellen:

3

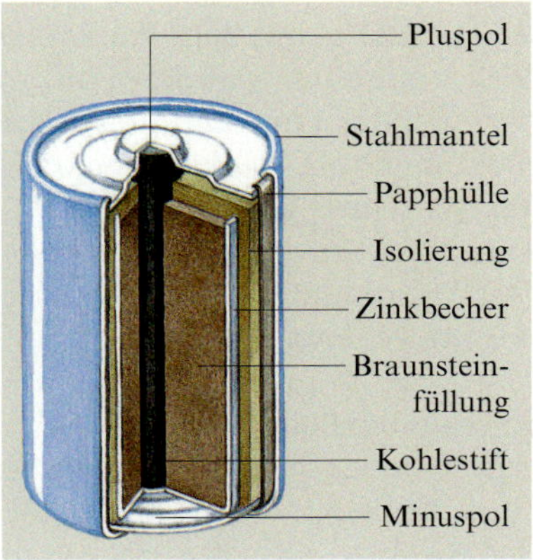

1

In einer Batterie wird Energie gespeichert

2

In einem Toaster wird Energie umgewandelt.

Verbraucher oder Wandler? Elektrische Geräte werden oft als *Verbraucher* bezeichnet. Ebenso hört man oft das Wort *Energieverbrauch* oder *Stromverbrauch*.
Ein Tauchsieder nimmt elektrische Energie auf und gibt thermische Energie an das Wasser ab. Er wandelt die elektrische Energie in thermische Energie um. Elektrische Geräte sind als Energiewandler zu betrachten.

Energieverbrauch bedeutet Energiewandlung.

Ähnlich ist es mit dem Wasserverbrauch einer Waschmaschine. Die Waschmaschine wandelt Trinkwasser in Abwasser um. Das Wasser wird bei der Umwandlung nicht weniger, aber es lässt sich danach nicht mehr als Trinkwasser verwenden. Daher sagt man auch: Das Wasser wurde *verbraucht*.
Das Wort *Stromverbrauch* bedeutet eigentlich Energieverbrauch. Der Strom hinter einem elektrischen Gerät ist aber ebenso groß wie der Strom davor (Bild 2).

Energiewandlung im Akku. In einem Akku finden ähnliche chemische Umwandlungen statt wie in einer Batterie. Diese werden aber beim Aufladen des Akkus wieder rückgängig gemacht. Dazu muss der Akku an eine elektrische Quelle – ein Ladegerät – angeschlossen werden.
Das Ladegerät bezieht dann elektrische Energie aus dem Elektrizitätsnetz und gibt sie an den Akku weiter. Dort wird die elektrische Energie in chemische Energie umgewandelt und gespeichert.

Vorteile von Akkus. Im Vergleich zu gewöhnlichen Batterien sind Akkus in der Anschaffung etwa fünfmal teurer. Dennoch haben sie einen großen Preisvorteil: Man kann sie etwa 1000-mal wieder aufladen. (Und die Kosten für das Aufladen sind sehr gering.)
Die meisten Batterien und Akkus enthalten giftige Substanzen (Schwermetalle). Deswegen dürfen sie nach Gebrauch nicht einfach in den Hausmüll geworfen werden. In den meisten Geschäften gibt es für Batterien und Akkus besondere Sammelbehälter.
Wer statt Batterien Akkus benutzt, trägt dazu bei, dass weniger giftiger Müll entsteht.

Tipps zum Umgang mit Akkus

- Neue Akkus vor der ersten Benutzung voll aufladen. Das Gleiche gilt, wenn die Akkus mehrere Monate nicht benutzt wurden.
- Sobald die Akkus schwächer werden, sollten sie wieder voll aufgeladen werden.
- Die Dauer für das vollständige Laden eines Akkus hängt vom Strom des Ladegerätes ab. Sie beträgt in der Regel zwischen 5 Stunden und 20 Stunden.
- Akkus nie in den Hausmüll geben.

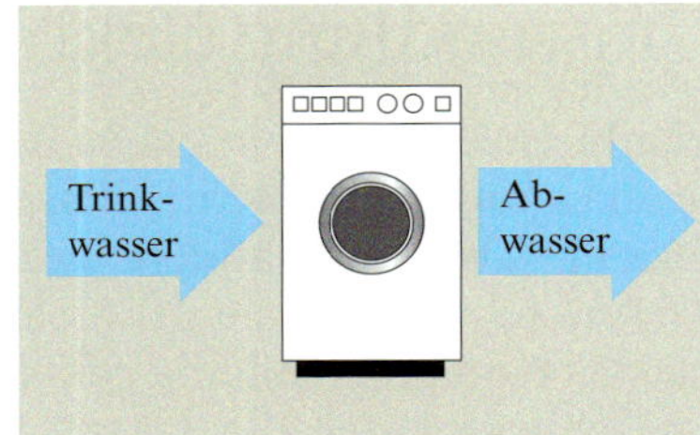

1
Eine Waschmaschine wandelt Wasser um.

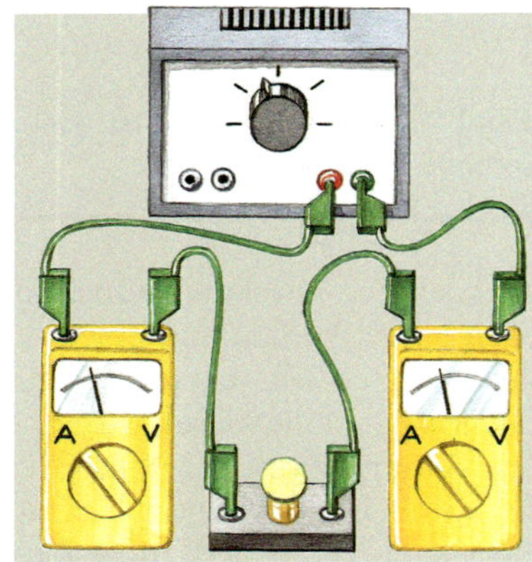

2
Der elektrische Strom ist auf beiden Seiten des Gerätes gleich groß.

3
Akkus im Ladegerät

4
Wenn es geht, sollte immer ein Akku verwendet werden.

Elektrische Energie gibt es nicht umsonst

Das ist nichts Neues: Wer zu Hause mit elektrischem Strom kocht, der muss auch dafür bezahlen. Der Preis für einen Liter siedendes Wasser ist zwar nicht besonders hoch, aber übers Jahr gesehen kommt doch immer eine beachtliche Summe zusammen.
Die elektrische Energie wird zumeist in Kraftwerken erzeugt, wo große Generatoren mit heißem Wasserdampf angetrieben werden.

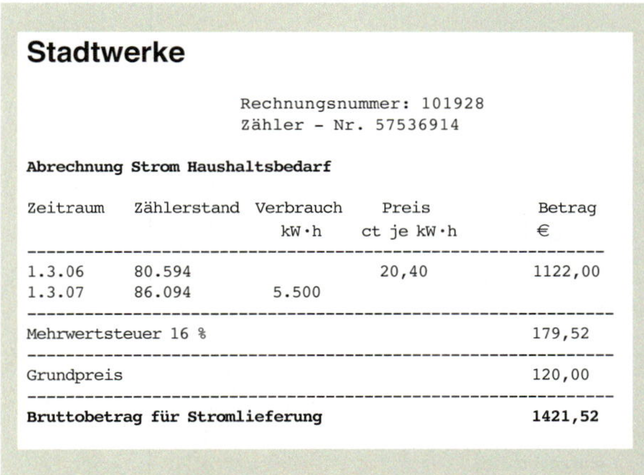

Stadtwerke

Rechnungsnummer: 101928
Zähler - Nr. 57536914

Abrechnung Strom Haushaltsbedarf

Zeitraum	Zählerstand	Verbrauch kW·h	Preis ct je kW·h	Betrag €
1.3.06	80.594		20,40	1122,00
1.3.07	86.094	5.500		
Mehrwertsteuer 16 %				179,52
Grundpreis				120,00
Bruttobetrag für Stromlieferung				**1421,52**

1 Rechnung für elektrische Energie

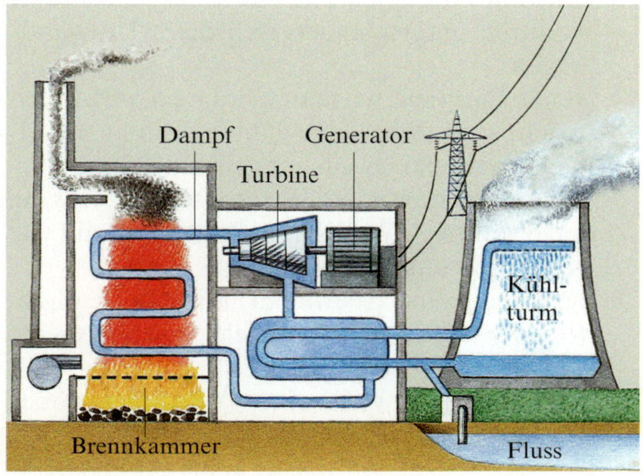

2 Prinzip eines Kohlekraftwerks

Manch einer könnte denken: „Eigentlich müsste ich die elektrische Energie auch umsonst bekommen – die Generatoren laufen doch sowieso und niemand spürt, ob mein Herd eingeschaltet ist oder nicht." Ob das wirklich stimmt, kannst du in einem Experiment mit einem kleinen Generator prüfen.

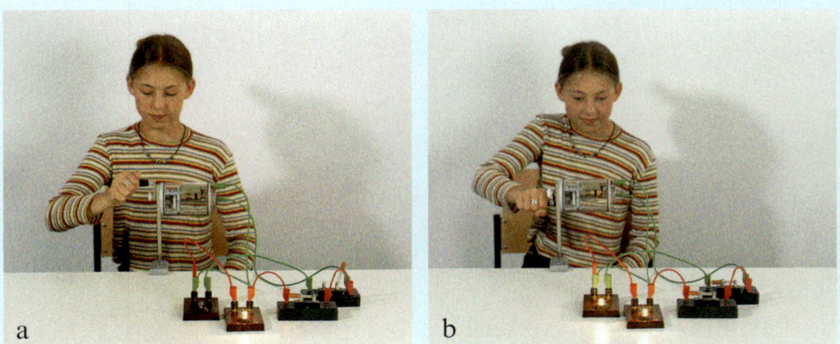

3

EXPERIMENT 1
Zwei Glühlampen werden in Parallelschaltung mit einem Generator verbunden. Sie sind einzeln ein- und auszuschalten.
1. Drehe an der Kurbel, wenn beide Lampen ausgeschaltet sind!
2. Die Lampen werden während des Drehens nacheinander eingeschaltet.
   Was beobachtest du?

Das Einschalten einer Lampe bewirkt, dass sich die Kurbel deutlich schwerer drehen lässt. Und wenn statt einer Lampe zwei Lampen mit elektrischer Energie versorgt werden sollen, muss man sich noch mehr anstrengen.
Genauso verhält es sich im Kraftwerk. Wenn plötzlich viele Leute ihren Herd einschalten, muss mehr Dampf erzeugt werden, damit der Generator sich weiterhin dreht. Und das heißt: es muss mehr Kohle verbrannt werden.

AUFGABEN

1. Beschreibe den Unterschied zwischen einer leeren und einer vollen Taschenlampenbatterie!
2. Woran erkennt man, dass einem elektrischen Gerät Energie zugeführt wird, sobald ein elektrischer Strom hindurchfließt?
3. In Batterien und Akkus wird durch chemische Umwandlungen elektrische Energie erzeugt. Wodurch unterscheiden sich diese Umwandlungen?
4. Nenne Beispiele, wo man von einem Verbrauch spricht und dabei eine Umwandlung meint. Was wird dabei jeweils umgewandelt?
5. Manchmal hört man „Strom wird in Wärme umgewandelt". Was ist damit gemeint und wie würdest du das formulieren?
6. Beschreibe ein Experiment, mit dem nachgewiesen wird, dass in einem elektrischen Gerät kein Strom „verschwindet"!
7. Erläutere die Vorteile eines Akkus gegenüber einer Batterie!
8. Nenne Beispiele, in denen keine Akkus, sondern Batterien eingesetzt werden. Was sind die Gründe dafür?
9. Was spricht dafür, Batterien beim Kauf mit einem Pfand zu belegen?
10. Das Experiment 1 lässt sich auch mit einem Fahrraddynamo machen. Allerdings ist hier der Unterschied nicht ganz so leicht zu spüren. Man kann jedoch bei einem umgedrehten Fahrrad beobachten, wie schnell der Dynamo das Rad zum Stehen bringt, sobald das Rad nicht mehr angetrieben wird. Am besten verwendet man ein Fahrrad, bei dem der Dynamo am Hinterrad angebaut ist.

1

a) Plant ein Experiment, bei dem deutlich wird, dass es zusätzliche Anstrengung erfordert, Glühlampen zu betreiben!
b) Führt dieses Experiment aus und berichtet darüber!

ZUSAMMENFASSUNG

Fließt ein elektrischer Strom durch ein Gerät, so wird dem Gerät dabei Energie zugeführt.

In einer Batterie ist chemische Energie gespeichert.

Eine Batterie kann elektrische Energie erzeugen. Dabei nimmt die chemische Energie in der Batterie ab. Mithilfe des Stromkreises kann die elektrische Energie zu einem elektrischen Gerät transportiert und dort z. B. in thermische Energie umgewandelt werden.

Akkus statt Batterien zu verwenden ist ein Beitrag zum Umweltschutz.

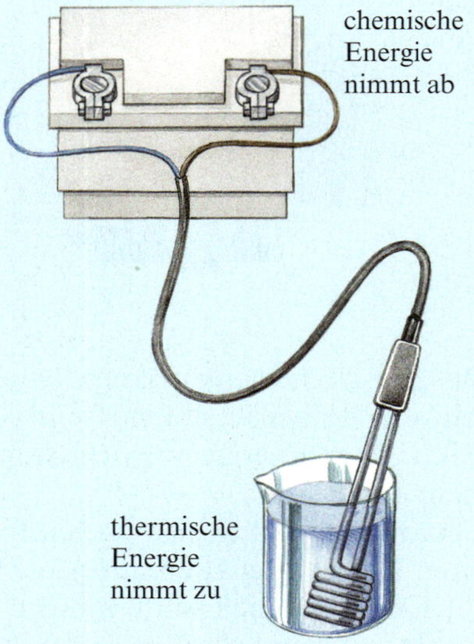

Das Licht

Licht und Dunkelheit bestimmen unsere Orientierung in der Welt.
Das Licht der Sonne ermöglicht das Leben auf der Erde. Ohne das Sonnenlicht könnten keine Pflanzen wachsen. Die Menschen nutzen die Strahlung der Sonne zur Energieversorgung.
Trifft Licht auf Hindernisse, so können Schatten entstehen. Riesige Schatten im Weltraum führen zu den Sonnen- und Mondfinsternissen.

1

In diesem Puppentheater bewegen sich die Puppen als wären sie lebendig. Sie werden von Menschen geführt, die direkt dahinter stehen.
Die Spieler sind aber nicht sichtbar, weil sie völlig schwarz gekleidet sind und auch der Bühnenhintergrund aus schwarzem Samt besteht. Zusätzlich sind die Bühnenscheinwerfer so aufgestellt, dass sie vor allem die Puppen in ihren hellen Kostümen beleuchten.

Kann man Licht sehen?

Wenn du am Morgen erwachst, kann es in deinem Zimmer völlig dunkel sein: Entweder ist es noch Nacht und keine Straßenlaterne leuchtet ins Zimmer oder vor deinem Fenster sind die Rollläden heruntergelassen.
Wenn außerdem kein Licht durch die Türritzen dringt, siehst du trotz offener Augen nichts. Du tastest nach der Nachttischlampe. – Kaum hast du den Schalter gedrückt, siehst du alles rings umher. Das ganze Zimmer mit seiner Einrichtung ist nun sichtbar.
Aber wenn du im Schrank etwas suchst, reicht das Licht der Nachttischlampe nicht aus; du schaltest die Deckenleuchte ein. Und bei Bastelarbeiten benutzt du vielleicht eine besonders helle Schreibtischlampe, um besser zu sehen.
Damit eine Wand oder ein Buch hell erscheint, muss das Licht der Lampe irgendwie dorthin gelangen. Wie kann man sich den Weg des Lichtes von der Lampe zu einem Gegenstand vorstellen?

2

3

EXPERIMENT 1

1. Stelle einen Kasten mit vielen nageldicken Löchern über eine Glühlampe. Sorge für genügenden Abstand zwischen Lampe und Kasten!
2. Schüttle nun etwas Kreidestaub über den Kasten oder erzeuge Rauch mit einer Imkerpfeife!

In einem dunklen Raum siehst du bei Experiment 1 zunächst nur die hellen Löcher und helle Punkte an Decke und Wänden. Mit Staub oder Rauch in der Luft erscheinen viele geradlinige Lichtbündel.
Wenn du aufmerksam beobachtest, kannst du auch im Freien unter bestimmten Bedingungen den Weg des Lichts in Form geradliniger Bündel erkennen. Solche Lichtbündel können entstehen, wenn die Sonne durch Wolkenlücken (Bild 1) oder im Wald durch das Laubdach scheint (S. 79).
Damit man das Licht in Form von Bündeln erkennen kann, ist Nebel in der Luft notwendig. So sieht man dann die beleuchteten Wassertröpfchen.
Die Beobachtungen in der Natur und das Experiment zeigen:

Das Licht an sich ist nicht sichtbar. Den Weg des Lichtes kann man aber beobachten, wenn er durch geeignete Körper, z. B. Rauch oder Nebel, sichtbar gemacht wird.

1

Von durchsichtigen und undurchsichtigen Dingen

Als die Bürger von Schilda ein neues Rathaus erbauten, vergaßen sie den Einbau von Fenstern. Im Rathaussaal war es stockdunkel. Was tun? – Der Schneider hatte die richtige Idee, so glaubten jedenfalls die Bürger von Schilda: „Lasst uns das Sonnenlicht in Säcke füllen und in das Rathaus tragen!“
Fast alle Dinge des täglichen Lebens lassen sich sammeln und in Kisten oder Säcke füllen, selbst die unsichtbare Luft. Aber das Licht ist immer „sofort weg“, sobald eine Lampe ausgeschaltet wird. Die Bürger von Schilda brauchen also entweder Lampen oder sie müssen doch noch Fenster in ihr Rathaus einbauen.

2

Durch Glasscheiben kann das Licht „ungehindert“ ins Haus kommen. – Stimmt das wirklich?

EXPERIMENT 2
Besorge dir einige kleine flache Glasscheiben (oder auch leere CD-Hüllen). Halte zunächst eine, dann zwei, drei usw. Scheiben in das Licht der Sonne oder einer Lampe, sodass der „Schatten“ der Scheiben auf einer weißen Wand erscheint.
Sieh dir die Schatten genau an und vergleiche mit der Wand daneben und mit dem Schatten deiner Hand.

1

Obwohl man durch eine gut geputzte Glasscheibe hindurchsehen kann als wäre sie gar nicht vorhanden, so wirft sie doch einen erkennbaren „Schatten“. Nicht alles Licht erreicht durch die Scheibe die Wand. Und je mehr Scheiben vor die Wand gehalten werden, desto dunkler ist der „Schatten“. Der Rest des Lichtes wird von den Scheiben zurückgeworfen, also *reflektiert*.
Die Bilder 2 und 3 zeigen Schatten einer verspiegelten Sonnenbrille.

2

3

Trifft das Licht auf die verspiegelte Seite, so ist der Schatten fast so dunkel wie der Schatten einer Hand (Bild 2). Trifft das Licht auf die unverspiegelte Seite der Brillengläser, ist der Schatten heller (Bild 3). Aber etwas Licht durchdringt die Brille noch. Für das Sehen reicht dies aus: Der Brillenträger sieht seine Umgebung zwar dunkler aber meist deutlich genug. Auch gewöhnliche Sonnenbrillen lassen nicht alles auftreffende Licht hindurch. Ein Teil des Lichtes wird auch hier an der Oberfläche reflektiert, ein anderer Teil wird vom getönten Glas verschluckt, also *absorbiert*.
Selbst klares Meerwasser lässt nur einen Teil des Lichtes hindurch. Während du beim Schnorcheln am Strand noch mühelos die Dinge auf dem Grund erkennen kannst, ist einige hundert Meter unter der Wasseroberfläche überhaupt kein Tageslicht mehr vorhanden. Daher gibt es in der Tiefsee viele Lebewesen, die gar keine Augen haben. Andere erzeugen ihr eigenes Licht und locken damit ihre Beute an, wie der Laternenfisch in Bild 4.

4

Wenn Licht auf einen Gegenstand trifft, wird es von ihm mehr oder weniger durchgelassen, reflektiert oder absorbiert.

Wodurch wird ein Zimmer hell?

Stell dir vor, in deinem Zimmer wären die Wände und die Decke schwarz gestrichen, dein Teppich wäre schwarz und die Möbel auch. Selbst die hellsten Deckenstrahler würden kaum für eine ausreichende Beleuchtung sorgen.

EXPERIMENT 3

1. Stelle in einem dunklen Raum eine brennende Kerze vor dich auf den Tisch und lege ein Heft davor. Stelle ein Buch so zwischen Heft und Kerze, dass das Kerzenlicht nicht auf das Heft fällt! (Im Raum sollte es so dunkel sein, dass du den Text nicht lesen kannst.)
2. Halte ein weißes Blatt Papier neben das Buch! Kannst du jetzt den Text lesen?
3. Verwende statt des weißen Papiers ein Stück schwarzen oder farbigen Karton. Probiere auch die Wirkung einer Glasscheibe!

1

Wenn du das weiße Blatt an die richtige Stelle hältst, kannst du tatsächlich lesen. Mit hellblauem Karton geht es auch noch, aber schon dunkelroter Karton erzeugt nur einen rötlichen Schimmer im Heft. Wird schwarzer Karton neben das Buch gehalten, bleibt das Heft so dunkel wie zuvor.

Jeder beleuchtete Gegenstand trägt zur Helligkeit in seiner Umgebung bei. Er tut dies umso mehr, je mehr er beleuchtet wird und je heller und größer seine Oberfläche ist.

2

Eine Fliege auf dem Heft würde folgendes wahrnehmen: „Die Umgebung ist weitgehend dunkel. Aber vom weißen Papier kommt sehr viel Licht."

Im Experiment 3 reichte die Helligkeit bei Verwendung von dunkelrotem oder dunkelblauem Karton nicht mehr zum Lesen aus. Der Karton hat das auftreffende Kerzenlicht größtenteils absorbiert und nur zum Teil wieder reflektiert.

Schwarze Oberflächen absorbieren auftreffendes Licht sehr stark und reflektieren nur sehr wenig.
Weiße Oberflächen absorbieren wenig Licht und reflektieren viel.
Farbige Oberflächen absorbieren und reflektieren je nach Farbton unterschiedlich.

3

Eine Glasscheibe und ein Spiegel bewirken im Experiment 3 etwas anderes: Sie erzeugen einen abgegrenzten Lichtschein (Bild 2).

Mit der Glasscheibe reicht der Lichtschein kaum zum Lesen – aber mit dem Spiegel ist es so hell, als würde die Kerze selbst das Heft beleuchten (Bild 3).

Sichtbar oder nicht sichtbar?

Eine Lampe sendet Licht in alle Richtungen des Raumes aus. Für den Beobachter ist sie sichtbar, wenn das von ihr ausgehende Licht in seine Augen fällt. Wird ein Buch zwischen Lampe und die Augen gehalten, ist die Lampe für den Beobachter nicht sichtbar (Bild 1).

1

2

Eine Vase auf dem Tisch kann aus vielen Positionen im Raum gesehen werden (Bild 2). Befinden sich mehrere Beobachter im Zimmer, so ist die Vase für sie alle sichtbar.
Auch von der Vase geht Licht aus. Der Raum wird durch eine Lampe beleuchtet. Dieses Lampenlicht fällt auf die Gegenstände im Raum und wird von ihnen reflektiert. Vom reflektierten Licht der mattweißen Vase fällt ein Teil in das Auge des Beobachters. Er kann die Vase sehen.

> Ein Gegenstand ist nur sichtbar, wenn von ihm ausgehendes Licht in das Auge des Beobachters fällt.

Sichtbare und unsichtbare Verkehrsteilnehmer. Wer als Fußgänger oder Radfahrer am späten Abend dunkle Kleidung trägt, lebt gefährlich. Die Kleidung reflektiert das Licht der Autoscheinwerfer fast gar nicht (Bild 3). Daher solltest du zu deiner eigenen Sicherheit helle Kleidung tragen. Noch besser ist es, zusätzlich Reflektoren am Körper und am Fahrrad anzubringen (Bild 4).

3

4

Schon gewusst?

Die Reflexion an stumpfen Flächen oder an kleinen Staubteilchen wird auch als *diffuse* Reflexion bezeichnet: Das auftreffende Licht wird nach allen Seiten reflektiert.
Bei glatten, spiegelnden Flächen kommt es zur *regelmäßigen* Reflexion: Ein feines Lichtbündel wird nur in eine Richtung reflektiert.
In Reflektoren und „Katzenaugen“ wird das Licht mehrfach regelmäßig reflektiert. Schließlich wird es in die Richtung zurückgeworfen, aus der es gekommen ist.

AUFGABEN

1. Katzen und Eulen können in völliger Dunkelheit sehen, behaupten viele Leute. Stimmt das wirklich?
2. Wenn ein Lichtbündel in klares Wasser fällt, ist es nicht zu sehen. Was kann man tun, um das Lichtbündel im Wasser zu sehen?
3. Wo lassen sich Lichtbündel gut beobachten? Nenne Beispiele und gib jeweils an, welche Körper dabei zu sehen sind!
4. Erkläre den Satz: „Licht kann man nicht sehen!“
5. Lux will seinen Keller zu einem Hobbyraum ausbauen und die Wände streichen. Er besitzt noch dunkelgrüne und hellgelbe Farbe. Welche würdest du empfehlen? Gib eine Begründung!
6. Kinos und Theater sind oft mit schwarzem oder dunklem Stoff ausgekleidet. Gib eine Begründung dafür!
7. Warum tragen Skifahrer oft Sonnenbrillen?
8. Jemand möchte sein Zimmer mit Gardinen möglichst gut abdunkeln. Wie muss der Gardinenstoff beschaffen sein?
9. „Wasser ist durchsichtig, Papier ist undurchsichtig.“
   a) Stimmt das?
   b) Nenne weitere, ähnliche Beispiele, wo man eine Überraschung erleben kann!
   c) Wovon hängt die Durchsichtigkeit eines Gegenstandes ab?
10. Manche Meerestiere können das Wasser in ihrer Umgebung schwarzbraun färben.
    a) Was bezwecken sie damit?
    b) Was geschieht dabei mit dem Licht?
11. Warum sollte man bei Dunkelheit im Straßenverkehr helle Kleidung tragen?
12. Welche Teile am Fahrrad dienen deiner Sicherheit beim Fahren im Dunkeln? Erkläre die unterschiedliche Wirkung der Teile!
13. Die Lichtsignale für Schiffe in Küstennähe stehen auf hohen Türmen, den Leuchttürmen. Warum stehen sie nicht auf dem Boden?
14. Baue aus drei Spiegeln eine Spiegelecke. Leuchte mit einem Lichtbündel hinein und ermittle das reflektierte Lichtbündel!

1

ZUSAMMENFASSUNG

Ein Gegenstand ist nur sichtbar, wenn von ihm ausgehendes Licht in das Auge des Beobachters fällt.

Licht, das auf einen Gegenstand trifft, wird mehr oder weniger durchgelassen, reflektiert oder absorbiert.

Das Licht an sich ist nicht sichtbar. Den Weg des Lichtes kann man aber beobachten, wenn er durch geeignete Körper, z. B. Rauch oder Nebel, sichtbar gemacht wird.

Lichtquellen und Lichtempfänger

Auf diesem Tisch liegen verschiedene Gegenstände. Sie sind zu sehen, weil sie Licht aussenden. Sie haben verschiedene Farben und Formen und sie senden unterschiedlich viel Licht aus. Das Foto verrät uns aber nicht, woher die Körper das Licht haben, das sie aussenden.
Wie kann man herausfinden, ob ein Körper wie eine Lampe leuchtet – oder ob er beleuchtet werden muss, damit man ihn sieht?

1

Lichtquellen

Um die Körper in Bild 1 zu untersuchen, könnte man das Licht im Zimmer ausschalten und die Gardinen zuziehen. Aber auch dann werden noch alle Körper zu sehen sein. Besser wäre es sicher, man nimmt sich einen Körper heraus und geht mit ihm in einen Raum, der absolut kein Licht von außen erhält – zum Beispiel in eine Abstellkammer. Hier zeigt sich dann, ob der Körper selbst Licht erzeugt oder ob er beleuchtet werden muss, um Licht auszusenden.

Körper, die Licht erzeugen, nennt man Lichtquellen.

Tatsächlich sind im Bild 1 nur die beiden weißen Kugeln rechts Lichtquellen. Alle anderen Körper müssen beleuchtet werden, damit man sie sieht.
Unsere wichtigste Lichtquelle ist die Sonne. Sie sendet Licht nach allen Richtungen aus und beleuchtet sowohl die Erde als auch den Mond.

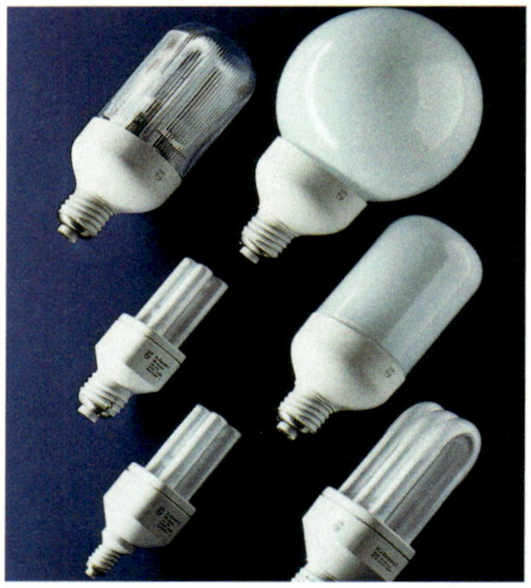

2

Lichtquellen, die elektrische Energie zur Lichterzeugung benötigen

3

Die Sonne erzeugt Licht und beleuchtet die Erde. Die Sonne ist eine Lichtquelle.

4

Der Mond beleuchtet die Erde mit Licht, das er von der Sonne erhält. Er ist keine Lichtquelle.

Lichtempfänger

Wenn Licht von einem Körper in unsere Augen fällt, dann können wir den Körper sehen. Unsere Augen reagieren auf das Licht. Man kann sie als Lichtempfänger bezeichnen (Näheres auf S. 90).
Es gibt in der Natur und in der Technik noch viele weitere Lichtempfänger. Allen Lichtempfängern ist gemeinsam, dass in ihnen irgendwelche Veränderungen stattfinden, wenn sie vom Licht getroffen werden.

Haut. Ein besonderer Lichtempfänger ist unsere Haut. Durch das Sonnenlicht wird unsere Haut gebräunt. Das Licht bewirkt Veränderungen in der Oberfläche der Haut.
Wer am Strand einmal zu lange in der Sonne gelegen hat, bekommt einen Sonnenbrand (Bild 1). Er kann von sehr schmerzhaften Veränderungen erzählen, die durch das Licht hervorgerufen wurden.

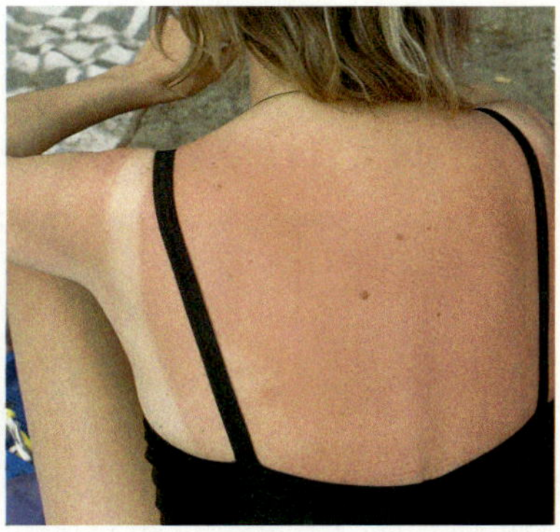
1

Blätter. Alle Blätter der Pflanzen sind Lichtempfänger. Nur durch das Licht kann der grüne Farbstoff der Blätter entstehen. Wenn man dagegen Pflanzen über längere Zeit im Dunkeln hält, bleiben ihre Stängel und Blätter blass. Auch die Keime von Kartoffeln und Zwiebeln werden im dunklen Keller nicht grün.

2

Viele Pflanzen richten ihre Blätter so aus, dass sie möglichst viel Licht von der Sonne empfangen.

3

Diese Pflanze wurde eine Woche lang in einen Raum ohne Sonnenlicht gestellt (aber gegossen).

4

Schon nach wenigen Stunden im Licht der Sonne wurde die Pflanze wieder grün.

Filme. Beim Fotografieren werden Filme verwendet, die sehr empfindlich auf das Licht reagieren. Sie müssen nur ganz kurz vom Licht getroffen werden und schon finden auf ihnen chemische Veränderungen statt.
Das ist sehr nützlich, denn die meisten Fotomotive sind in Bewegung, wie z. B. ein fahrendes Auto. Müsste man den Film minutenlang belichten, so wäre das Auto schon „aus dem Bild" gefahren, bevor der Film es überhaupt registriert hat. Auch ein einfacher Schnappschuss wäre kaum möglich: Die meisten Menschen ändern laufend ihre Körperhaltung und ihren Gesichtsausdruck.

5

Fotozellen. Viele Kameras besitzen einen Belichtungsmesser mit Fotozellen. Die Fotozellen enthalten lichtempfindliche Stoffe, die einen elektrischen Strom erzeugen können. Die Größe des Stromes kann man dann messen. So funktioniert die Fotozelle als Messgerät für die Helligkeit des empfangenen Lichtes.
Solche „fotoelektrischen" Lichtempfänger spielen auch in der modernen physikalischen Forschung eine wichtige Rolle. Zum Beispiel werden sie von Astrophysikern genutzt, um das Licht von fernen Himmelskörpern zu registrieren.
Fotozellen werden auch zur Erzeugung elektrischer Energie aus Sonnenlicht eingesetzt. Man nennt sie in dieser Verwendung auch *Solarzellen*. Auf immer mehr Hausdächern, aber auch auf sogenannten Sonnenfarmen sieht man schwarzblaue Flächen mit Solarzellen, die Licht absorbieren und elektrische Energie erzeugen.

1
Belichtungsmesser

2
Solarzellen auf einem Privathaus

3
Solarzellenanlage in Kobern-Gondorf

Sonnenkollektoren. Neben der direkten Wandlung von Sonnenlicht in elektrische Energie, kann man die Sonne auch zum Erwärmen von Wasser nutzen. Dazu verwendet man Sonnenkollektoren (Kollektor heißt Sammler). Eine schwarz beschichtete Metallfläche wird bei der Absorption des Lichtes stark erwärmt (Bild 4). Hinter ihr strömt Wasser durch ein Röhrensystem.
Das erwärmte Wasser wird in einem Kreislauf zu einem Vorratsbehälter geleitet und kann zur Heizung des Hauses genutzt werden (Bild 5).

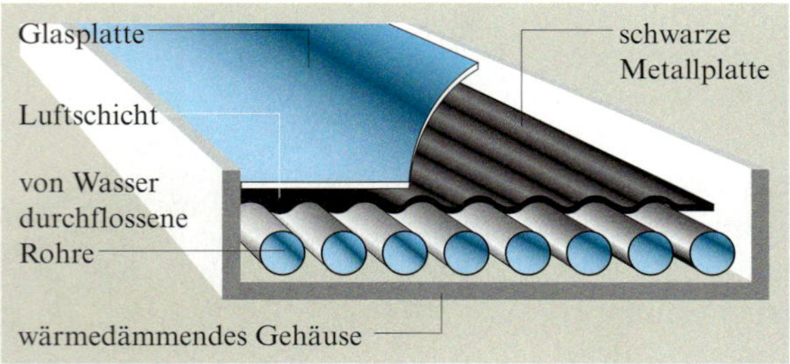

4
Schnitt durch einen Sonnenkollektor

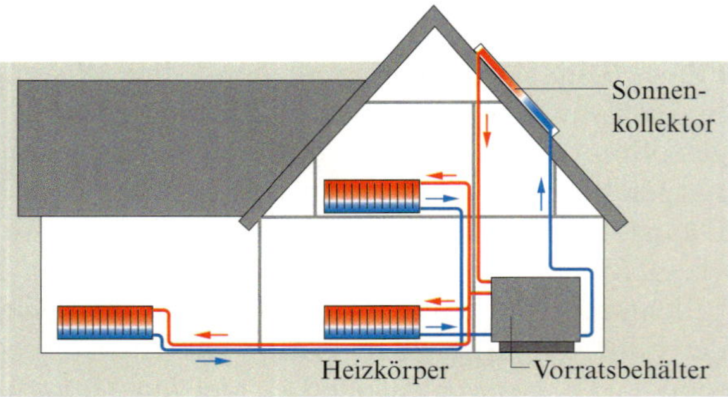

5
Heizung mithilfe eines Sonnenkollektors

Energiewandlung in Lichtquellen und Lichtempfängern

Über die Energie hast du bereits einiges erfahren, vor allem: Mit Energie lassen sich Gegenstände erwärmen. Dazu lässt sich thermische Energie oder elektrische Energie verwenden – oder eben auch Licht.

Mit Licht kann Energie übertragen werden.

Ein Lichtempfänger nimmt Energie auf. Was macht er damit? Am deutlichsten lässt sich das am Sonnenkollektor erkennen: Hier wird die Energie des Lichtes vollständig in thermische Energie umgewandelt. Ein gewisser Anteil davon ist für die Heizung des Hauses nutzbar, der Rest geht an die Umwelt verloren (Bild 1a).
In der Solarzelle wird ein Teil der Energie des Lichtes in elektrische Energie umgewandelt. Die Solarzelle wird dabei erwärmt, das heißt, auch hier entsteht thermische Energie (Bild 1b).

1

Eine Glühlampe erzeugt Licht. Dazu wurde sie gebaut. Damit sie dieses Licht erzeugen kann, muss die Glühwendel sehr heiß werden. Dadurch wird auch die ganze Glühlampe heiß.

EXPERIMENT 1
In zwei Fassungen sind eine Glühlampe und eine Sparlampe geschraubt. Beide tragen die Aufschrift „15 Watt", d. h., beide entnehmen dem Elektrizitätsnetz pro Sekunde die gleiche Energie.
1. Beschreibe den Helligkeitsunterschied der Lampen!
2. Nähere deinen Handrücken den Lampen bis auf wenige Millimeter, nachdem beide mindestens 5 min eingeschaltet sind. Beschreibe deinen Wärmeeindruck!

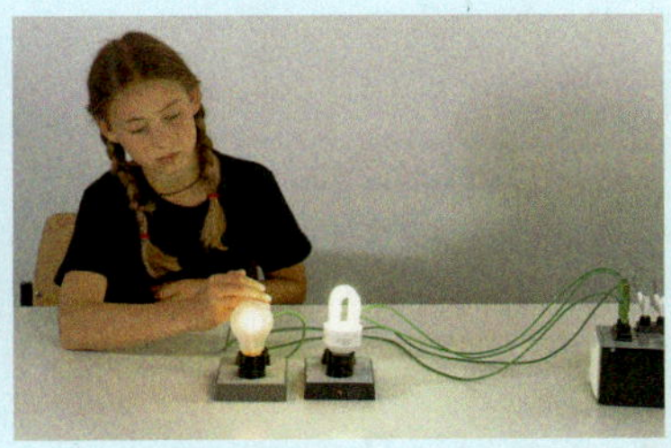
2

Die Sparlampe leuchtet deutlich heller, sie ist aber nicht ganz so heiß wie die Glühlampe. Von der elektrischen Energie wird in der Sparlampe ein höherer Anteil in Licht umgewandelt als in der Glühlampe (Bild 3).

3

Auge und Sehen

Hell-Dunkel-Sehen. Nach einem Aufenthalt in völliger Dunkelheit können unsere Augen unvorstellbar geringe Lichtmengen wahrnehmen. Sie können aber auch in gleißender Helligkeit noch Dinge erkennen.
Das Licht fällt durch die Pupille ins Auge. Es trifft auf die Netzhaut wo sich die lichtempfindlichen Sinneszellen des Auges befinden: 120 Millionen Stäbchen für das Hell-Dunkel-Sehen und 6 Millionen Zapfen für das Farbsehen. Alle diese Sinneszellen sind mit Nervenzellen verbunden. Die durch das empfangene Licht ausgelösten Erregungen werden über Nervenstränge ins Gehirn weitergeleitet.
An eine extreme Dunkelheit können sich unsere Augen auf zwei verschiedene Weisen anpassen:

- Die Pupillen werden weit geöffnet. Das geht in wenigen Sekunden vor sich.
- Die Sinneszellen auf der Netzhaut können ihre Empfindlichkeit steigern. Hierzu ist jedoch etwa eine Stunde erforderlich.

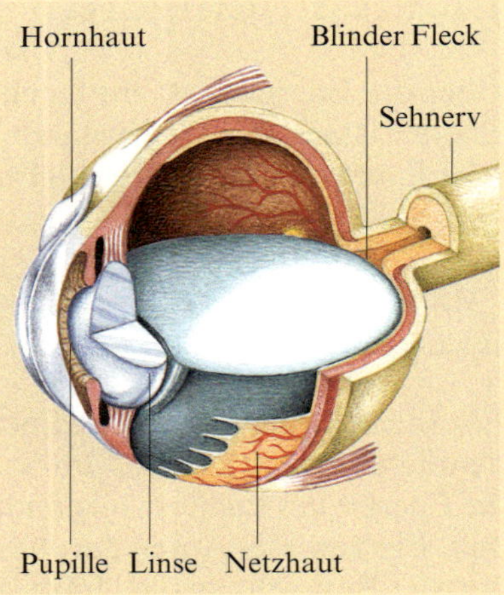

1

Vereinfachter Aufbau des Auges

Der Blinde Fleck. An der Stelle der Netzhaut, wo die Nervenstränge und Blutgefäße vom Augapfel ins Gehirn eintreten, befinden sich keine Sinneszellen.
Dazu kannst du ein interessantes Selbstexperiment durchführen:

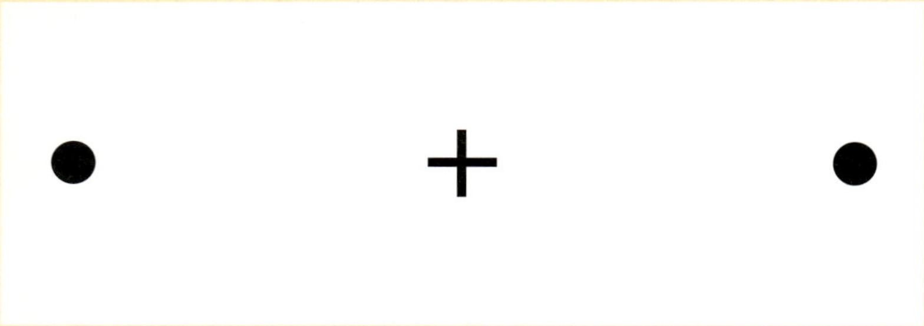

2

Halte das rechte Auge geschlossen und fixiere mit dem linken Auge das Kreuz aus einer Entfernung von etwa 40 cm. Bewege die Zeichnung langsam auf dich zu!
Dann verschwindet bei einem Abstand von etwa 15 cm der linke schwarze Fleck. Versuche das Gleiche mit dem rechten Auge!

Unsere Augen befinden sich in einer ständigen Zitterbewegung. Außerdem werden stets die zwei Netzhauteindrücke von beiden Augen im Gehirn zusammengesetzt. Daher fällt uns der Blinde Fleck normalerweise nicht auf.

Das Auge als Bewegungsmelder. Wenn du ein Bild auf der Wand anschaust, richtest du deine Augen auf das Bild. Willst du das Bild genau beschreiben, so „wandern" deine Augen auf dem Bild umher. Abwechselnd *siehst* du verschiedene Einzelheiten, andere nimmst du nur undeutlich wahr.
Du musst also „direkt hinschauen", wenn du etwas klar erkennen willst – und dennoch gelangt auch Licht von anderen Dingen in deine Augen.
Der Junge in Bild 3 schaut zunächst geradeaus gegen die Wand. Er sieht dabei seine Hände nicht. Trotzdem gelangt auch von den Händen Licht in seine Augen. Dieses Licht nimmt er jedoch erst wahr, wenn er die Hände bewegt. Probiere es selbst einmal aus!

3

Erst durch Bewegung werden die Hände sichtbar.

Täuschungen beim Sehen. Wenn du das Bild 1 betrachtest, erkennst du nach kurzer Zeit einen Hund. – Aber eigentlich sind auf dem Papier nur ein paar schwarze Flecken abgedruckt.
Beim Sehen öffnen wir nicht nur unsere Augen und lassen passiv Licht hineinströmen, sondern wir sind beim Sehen selbst aktiv. Unser Gehirn erinnert sich an früher gesehene Bilder und vergleicht. Daher kommt es, dass wir beim Sehen manchmal auch verunsichert sind oder uns getäuscht fühlen. Dann gerät das, was wir sehen, mit dem, was wir erwarten, in Widerspruch.
Wie lang sind die beiden Linien in Bild 2? – Nimm ein Lineal und miss genau nach! Eine ähnliche Überraschung kannst du erleben, wenn du die Größe der Figuren im Bild 3 mit einem Lineal nachmisst.
Täuschungen wie diese lassen sich folgendermaßen erklären:
Alle Dinge, die wir sehen, ordnen wir nach Größen und Entfernungen. Wir sind daran gewöhnt, dass ein weit entfernter Kirchturm größer ist als der Mensch, der neben uns steht. Beim Sehen schätzt unser Gehirn die Entfernung mit ab. Dabei werden wir in Bild 3 „betrogen“: Durch den Verlauf der Linien erwarten wir, dass die eine Figur weiter hinten steht und demnach größer ist.
Andere Täuschungen lassen sich nicht so einfach erklären. So erscheinen die beiden Linien in Bild 4 gekrümmt – obwohl doch unsere Augen nur Geraden wahrnehmen. Die Bilder 5 und 6 sind Beispiele für „Kippfiguren“. Da sieht man mal das eine und plötzlich etwas anderes.
Das Erkennen von Bildern ist eine beachtliche Leistung unseres Gehirns. Wir brauchen dazu Erfahrung und Phantasie. Ein Computer würde im Bild 6 wahrscheinlich nur krumme Linien erkennen.

1

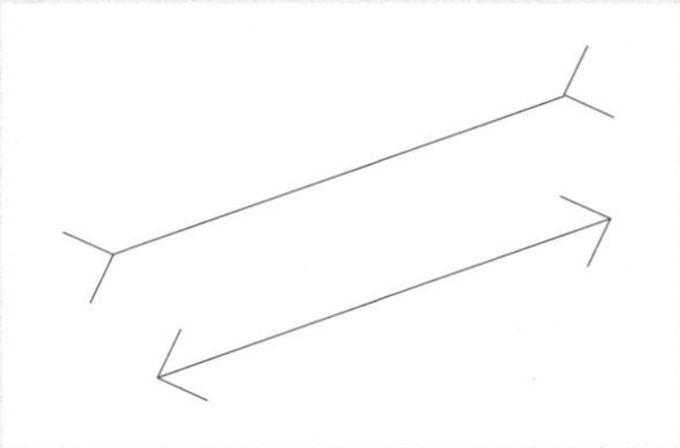
2

3

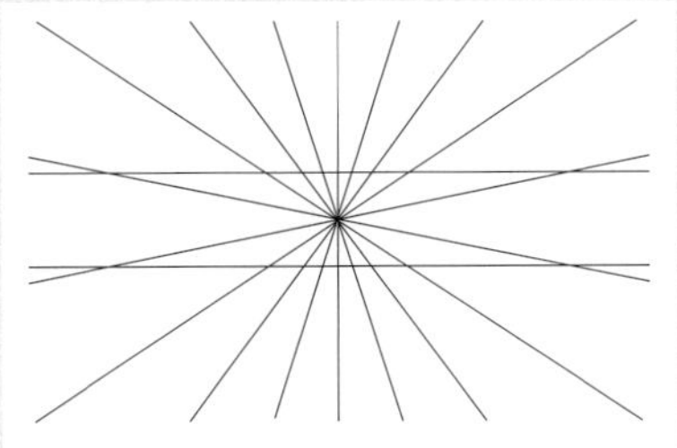
4
Sind die beiden Linien gekrümmt?

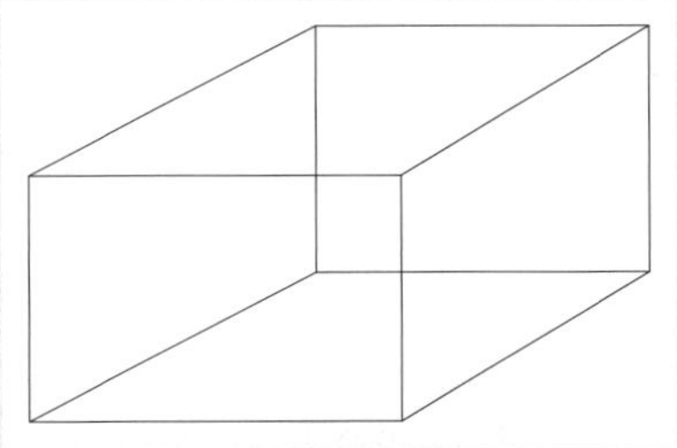
5
Welche Seite ist vorne?

6
Zwei Gesichter oder eine Vase?

AUFGABEN

1. Beschreibe, auf welche Weise sich unsere Augen Helligkeit und Dunkelheit anpassen. Versuche mit einem Partner herauszufinden, ob die Augen sich auch einzeln anpassen können!
2. Stelle dir ein „Daumenkino“ her, bei dem eine einfache Bewegung dargestellt ist (etwa 20 Bilder). Versuche zu erklären, warum bei schnellem Blättern der Eindruck einer durchgängigen Bewegung entsteht, bei langsamem Blättern aber nicht!
3. Peile über den Daumen einen kleinen Gegenstand in etwa 3 Meter Entfernung an (z. B. eine Kerze)!
   a) Schließe mal das linke und mal das rechte Auge, während du auf die Kerze schaust. Öffne anschließend wieder beide Augen!
   b) Wiederhole dein Experiment, indem du versuchst, den Daumen scharf zu sehen!
   c) Fertige jeweils für die 3 Beobachtungen in a) und in b) eine Skizze an!

Ein Blick in die Geschichte

Der lange Weg zum elektrischen Licht

Offenes Feuer war über Jahrtausende die einzige selbst erzeugte Lichtquelle der Menschen. Zunächst gab es Fackeln, Öllampen und Kerzen. Später wurden Petroleum- und Gaslampen entwickelt.
Mit der Nutzung der Elektrizität wurden Glühlampen und Leuchtstofflampen zu selbstverständlichen Alltagsgegenständen. Im Jahre 1879 hat THOMAS ALVA EDISON in Menlo Park bei New York die Glühlampe erfunden. Davon handelt folgender Bericht:
Auf der Suche nach hellerem Licht betrat EDISON völlig unbekanntes Land. Er wickelte Platindraht um den Stiel einer Tonpfeife. Wenn er das Platin mehrmals durch elektrischen Strom erhitzte, wurde es viel härter und konnte höhere Temperaturen ertragen. Er fand heraus, dass das Platin in einem luftleeren Raum noch härter wurde und noch intensiver leuchtete.
Aber EDISON wusste, dass er stärkere und dauerhaftere Fäden brauchte, wenn die elektrische Lampe vollkommen sein sollte.
Bald darauf wurde ein Faden mit Kohlenstoff in das Vakuum eines Glaskolbens eingesetzt. Als der Strom eingeschaltet wurde, begann sie mit stetem, hellem Licht zu glühen. Daraufhin prüfte EDISON etwa 6000 Sorten von Pflanzen- und Gemüsefasern, bis er einen Bambus wählte, der eigens für ihn in Japan gezogen wurde.
Er war nun entschlossen, in New York eine Versuchslichtanlage auf einem Gebiet von einer Quadratmeile zu bauen. Man lachte ihn aus, als er bekannt gab, dass er seine Drähte unter die Erde verlegen wolle. New Yorks Straßen waren damals von einem Labyrinth von Telegrafen- und Telefondrähten überzogen. Wer hatte je davon gehört, dass man elektrische Drähte unter der Erde verlegte! Man sorgte sich, dass sie nass und dadurch „undicht“ werden könnten und dass den Fußgängern von den Drähten unter der Erde tödliche Gefahren drohten.
EDISON ließ sich nicht beirren, entwickelte neue Arten von Isolationen und ging an die Arbeit. Er stellte 1500 Arbeiter ein, die die Straßen aufrissen, Leitungsröhren legten und Leitungen installierten. Er errichtete eine besondere Werkstatt für schwere Dynamoteile, eröffnete eine Fabrik für elektrische Lampen und zur Herstellung von Schaltern und Elektromessgeräten.
Als der Zeitpunkt für den ersten Test herannahte, waren die Augen der ganzen Welt auf die eine Quadratmeile von New York geheftet. Am Montag, dem 4. September 1882, wurde der Bau der Anlage beendet. Im Kraftwerk schürten Heizer die glühenden Kohlen, Dampf stieg von den Kesseln in die Maschinen der mächtigen Generatoren. Schneller und schneller liefen die Dynamos. EDISON griff nach dem Hauptschalter, um den geheimnisvollen Strom über Tausende unterirdische Drähte zu senden.
„Es war ein Licht“, schrieb die *New York Times*, „das man stundenlang benutzen konnte, ohne dass man es als künstliches Licht empfand. Mild, freundlich und angenehm für das Auge, fast wie Tageslicht ... ohne zu flackern und mit kaum spürbarer Hitze, die Kopfschmerzen bereitet hätte.“

1

2
THOMAS ALVA EDISON (1847–1937)

AUFGABEN

1. Nenne mindestens fünf verschiedene Lichtquellen!
2. Wie kannst du entscheiden, ob ein Körper eine Lichtquelle ist oder nicht?
3. Jemand behauptet, der Mond sei eine Lichtquelle, schließlich sei er heller als manche Straßenlaterne.
   Was könntest du ihm entgegnen?
4. Nenne drei Lichtempfänger!
5. Im Winter werden Pflanzen in Treibhäusern mit Lampen beleuchtet. Begründe warum!

1

6. Was passiert, wenn eine Zeitung lange im Sonnenlicht gelegen hat? Kann man eine Zeitung als Lichtempfänger bezeichnen? Begründe!
7. Manchmal kann man schon einen Sonnenbrand bekommen, auch wenn man nicht direkt in der Sonne liegt.
   a) Unter welchen Bedingungen trifft das zu?
   b) Wie kann man sich schützen?
8. Wenn du einen schwarzen und einen weißen Ball in die Sonne legst, entsteht bald ein Unterschied. Welcher?
9. Begründe, dass mit Licht Energie übertragen werden kann!
10. Nenne Geräte oder Anlagen, die mit elektrischem Strom aus Solarzellen betrieben werden!
11. Erläutere die Vorteile von Energiesparlampen gegenüber gewöhnlichen Glühlampen! Gibt es auch Nachteile?
12. Beschreibe den Unterschied von Solarzellen und Sonnenkollektoren! Welche Energiewandlungen finden jeweils statt und wozu lassen sich die Anlagen jeweils verwenden?
13. Was waren die größten technischen Probleme von EDISON beim Bau der ersten Glühlampen?

ZUSAMMENFASSUNG

Körper, die Licht erzeugen, nennt man Lichtquellen.
Alle anderen Körper, die man sieht, nennt man beleuchtete Körper.

In Lichtempfängern finden Veränderungen statt, wenn sie beleuchtet werden.

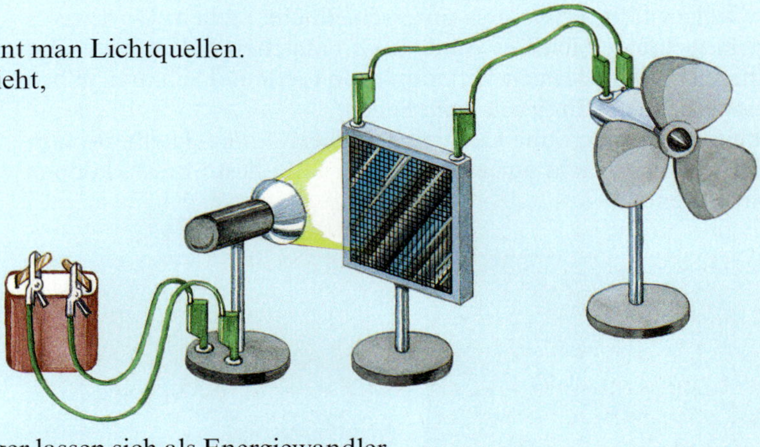

Lichtquellen und Lichtempfänger lassen sich als Energiewandler auffassen. Bei den Energiewandlungen entsteht in der Regel auch thermische Energie.

Energie → Lichtquelle → Energie (Licht)   Energie (Licht) → Lichtempfänger → Energie

1

Es ist kaum zu glauben, dass diese drei Bilder genau denselben Kopf zeigen. Nur die Beleuchtung wurde geändert und schon sehen wir einen ganz anderen Gesichtsausdruck!

Wo Licht ist, ist auch Schatten

Du kannst dich auch selbst bei so unterschiedlicher Beleuchtung betrachten. Wenn du dich in einem dunklen Flur oder Badezimmer vor einen Spiegel stellst und dein Gesicht mit einer Taschenlampe aus ganz verschiedenen Richtungen beleuchten lässt, erkennst du dich manchmal selbst kaum wieder.
Weil das Licht aus unterschiedlichen Richtungen auf die Plastik bzw. dein Gesicht fällt, erreicht es unterschiedliche Stellen. Dort wo es nicht hingelangt, bleibt es dunkel. Es entstehen beleuchtete und schattige Bereiche. Je nach Verteilung von Licht und Schatten haben wir einen anderen Eindruck beim Sehen.
Du weißt, dass man ohne Licht nichts sehen kann. – Heißt das umgekehrt: Je mehr Licht auf einen Körper fällt, desto besser können wir ihn sehen?

2

3

EXPERIMENT 1
1. Eine weiße Kugel und ein weißer Würfel werden vor einem hellen Hintergrund schräg von einer Seite beleuchtet.
2. Weitere Lampen werden eingeschaltet, die die Körper zusätzlich von anderen Seiten beleuchten.
   Beschreibe den Unterschied!

Werden im Experiment 1 noch mehr Lampen eingeschaltet, die die Körper auch von oben und von unten beleuchten, so gelingt es, die Körper fast „verschwinden“ zu lassen. Die *Kontraste*, also die Helligkeitsunterschiede, sind dann kaum noch wahrnehmbar.
Bei einfarbigen Körpern wie diesen entstehen die Kontraste durch Schattenbildung. So kann man sagen: Zum Sehen braucht man Licht *und* Schatten.

Schattenbild und Schattenraum

1

Wenn wir sagen „auf der Wand entsteht ein Schatten“, dann meinen wir damit ein Bild von einem undurchsichtigen Gegenstand, der von einer Seite beleuchtet wird. Solche Schattenbilder lassen sich auch als Vorlage für Zeichnungen oder Scherenschnitte verwenden. Im 18. Jahrhundert, als es noch keine Fotografie gab, hat der französische Finanzminister SILHOUETTE diese Methode populär gemacht. Wie kommt es zu diesen scharf umrissenen Bildern? Dazu soll im Folgenden der sogenannte Schattenraum untersucht werden.

EXPERIMENT 2
Stelle ein Stück Pappe (20 cm × 20 cm) etwa 1 m von einer weißen Wand entfernt auf und beleuchte sie aus etwa 1 m Abstand mit einer kleinen Leuchte (Halogenspot oder Kerze)!
1. Untersuche die Grenze des Schattenraumes: Spanne hierzu ein Band von einer Ecke des Quadrates zu deren Schattenbild!
2. Bewege die Leuchte (bzw. die Pappe) und ermittle die Größe des Schattens im Vergleich zur Pappe. Wie groß kann der Schatten an der Wand höchstens werden? Wie groß ist er mindestens?

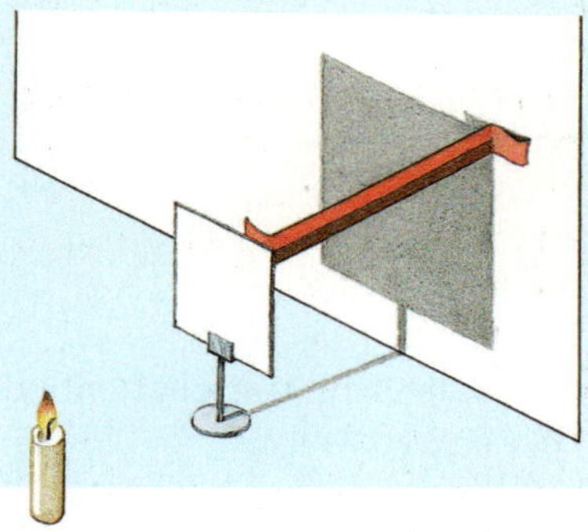
2

Wenn man ein breites Band von der Ecke zu deren Schattenbild spannt, kann dieses auf der ganzen Länge zur Hälfte noch beleuchtet und zur Hälfte bereits im Schatten sein. Auf dem gespannten Band ist also die Grenze zwischen Schattenraum und beleuchtetem Raum zu erkennen.
Zwischen jedem Punkt auf dem Rand der Pappe und dem zugehörigen Schattenpunkt auf der Wand könnte ein dünner Faden gespannt werden. In Bild 3 sind die Grenzen des Schattenraumes geradlinig in Richtung der Leuchte verlängert worden. Sie treffen sich alle am Ort der kleinen Leuchte.
Daran wird deutlich, dass sich das Licht geradlinig ausbreitet.

Wird ein undurchsichtiger Körper von einer Lichtquelle beleuchtet, so gibt es hinter dem Körper ein Gebiet, in das kein Licht der Quelle eindringt. Dieses Gebiet heißt Schattenraum.
Das Licht breitet sich geradlinig aus. Daher ist auch der Schattenraum geradlinig begrenzt.

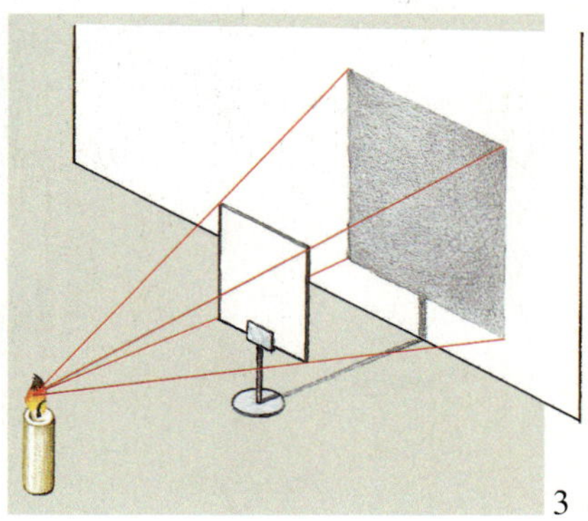
3

Von der Geradlinigkeit der Lichtausbreitung kannst du dich auch noch in einem anderen Experiment überzeugen:

1

EXPERIMENT 3
1. Schaue durch ein Stück Gartenschlauch auf eine Kerzenflamme: Du siehst sie nur, wenn der Schlauch geradlinig ist.
2. Halte den Schlauch vor die brennende Kerze. Wann kannst du den Lichtschein am anderen Ende mit einem Schirm auffangen?

Die geradlinige Lichtausbreitung ist auch der Grund dafür, dass ein Schatten seine Größe verändert, wenn der Abstand zwischen Lichtquelle und Schattengeber verändert wird. Das Licht kann nur auf geradem Weg von der Lichtquelle zum Schirm gelangen. Wo es nicht hingelangt, entsteht ein Schatten.

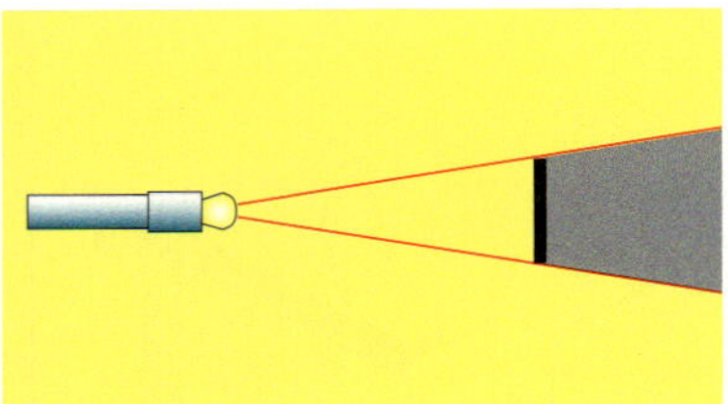
2

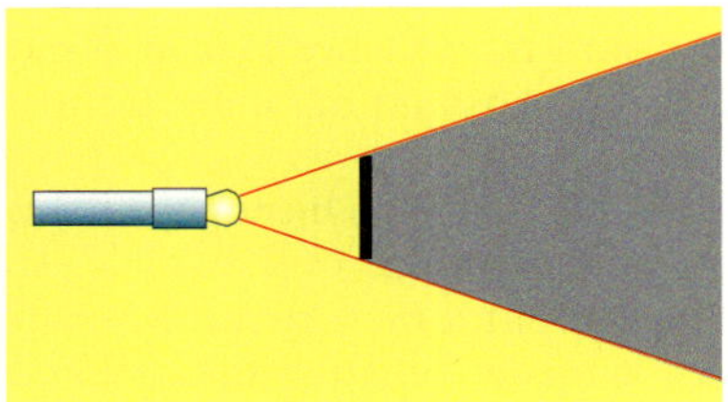
3

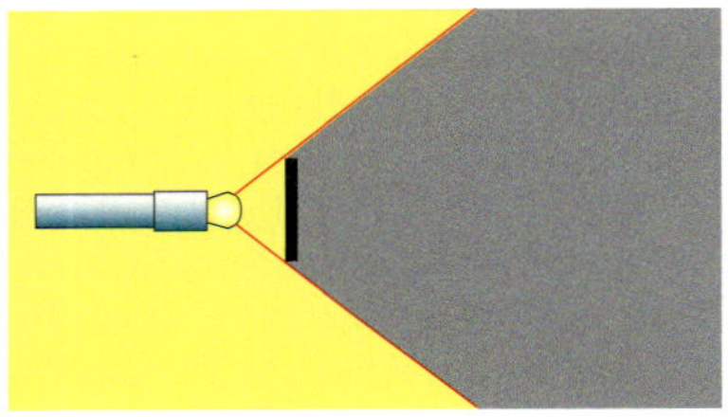
4

Das Entstehen von Schattenbildern ist eine Folge der geradlinigen Lichtausbreitung.

Schatten ist nicht gleich Schatten

Wenn du dich umschaust, findest du viele schattige Stellen, die sich in ihrer Form und Helligkeit sehr unterscheiden können.

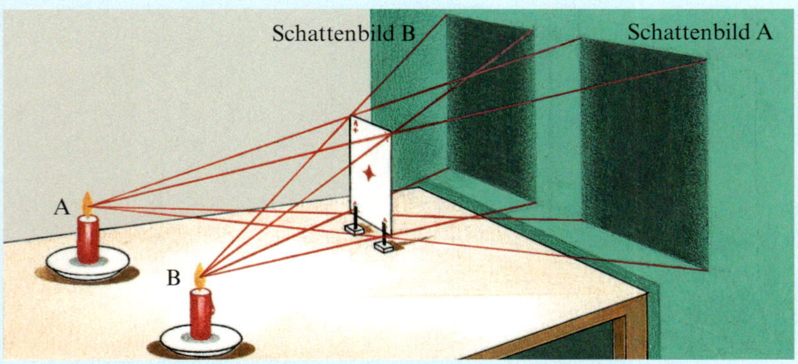

5

EXPERIMENT 4
Stelle zwei Kerzen vor einer Spielkarte auf! Du erhältst zwei Schattenbilder von der Karte.
1. Verdecke eine Kerze! Was geschieht mit den Schattenbildern?
2. Verändere den Abstand zwischen den Kerzen! Was geschieht mit den Schattenbildern?
3. Versuche zu erreichen, dass sich die Schattenbilder überlappen!

Wenn sich die beiden Schattenbilder der Spielkarte überlappen, erkennst du, dass das gemeinsame Schattenbild nicht überall gleich dunkel ist. Stell dir vor, du befindest dich im Schattenraum hinter der Spielkarte. Wenn du von dort aus weder Kerze A noch Kerze B siehst, muss es dort sehr dunkel sein. Siehst du jedoch eine der Kerzen, ist es dort schon heller. Und wenn du beide siehst, bist du im hellsten Bereich.
Für den Schatten, der entsteht, wenn ein Körper von zwei Lichtquellen beleuchtet wird, verwendet man folgende Bezeichnungen:

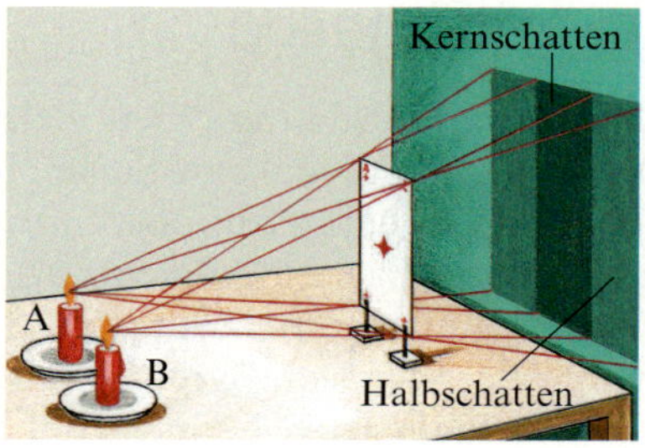

1

Der Raum, der von keiner der beiden Lichtquellen beleuchtet wird, heißt Kernschatten. Der Raum, in den nur das Licht einer Lichtquelle gelangt, heißt Halbschatten.

Nicht nur die Helligkeit der Schattengebiete ist sehr unterschiedlich. Auch die Ränder der Schatten sind selten so scharf wie in den vorangegangenen Experimenten.

2

EXPERIMENT 5
Ein Pappquadrat wird von einer horizontal gehaltenen langen Leuchtstofflampe beleuchtet.

1. Beobachte den Schatten, wenn die Leuchte bewegt und langsam senkrecht gestellt wird!
2. Stelle dich vor den Schirm (z. B. eine weiße Wand) in den Schattenraum und beobachte von dort. Beschreibe genau was du siehst!
   Gibt es auch eine Stelle, von der aus nichts von der Lampe zu sehen ist?

Der Schatten des Quadrates hat seitlich einen ganz „weichen" Übergang von Hell zu Dunkel. Oben und unten ist der Schattenrand ziemlich scharf, der Übergang von Hell zu Dunkel ist also dort ziemlich plötzlich. Wird die Lampe gedreht, verändern sich die Schattenränder. Steht der Leuchtstab senkrecht, sind nun die Ränder links und rechts sehr scharf.
Wer vom Schirm aus an dem Pappquadrat vorbei zur Lampe schaut, kann den Übergang erklären (Bild 3): Je weiter du an den Rand des Schattenraums gehst, umso mehr siehst du von der Leuchtstofflampe. Und wenn du den Schattenraum verlässt, siehst du die Leuchtstofflampe ganz.
Für den Schatten bei einer ausgedehnten Lichtquelle gilt:

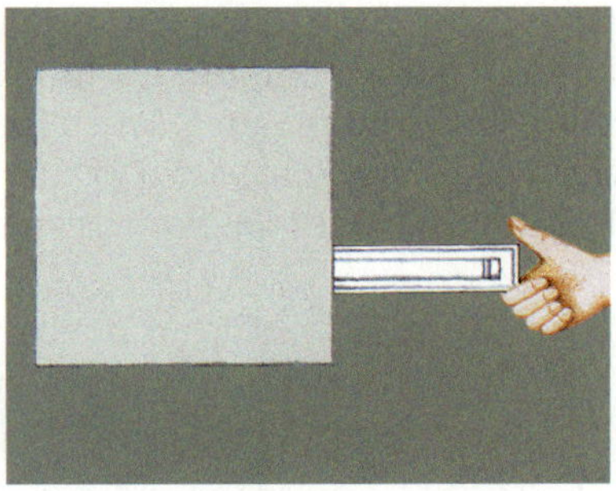
3

Je weniger ein Beobachter von der Lichtquelle sehen kann, desto dunkler ist das Gebiet, in dem er sich befindet.

Mondphasen

1

Der Mond am Himmel hat viele Gesichter. Manchmal ist er rund und voll, manchmal eine Sichel. Der Mond durchläuft verschiedene Phasen. Um herauszufinden, wie sich das Aussehen verändert, lohnt sich eine längere Beobachtung. Allerdings dürfen nicht zu viele Wolken am Himmel sein. Bild 2 zeigt eine Beobachtung vom sich vergrößernden sichtbaren Mond bis zum Vollmond. Bild 3 zeigt die sich verkleinernde Mondsichel bis zum Neumond. Bei schmalen Mondsicheln kannst du den zunehmenden Mond am frühen Abend; den abnehmenden Mond am frühen Morgen beobachten.

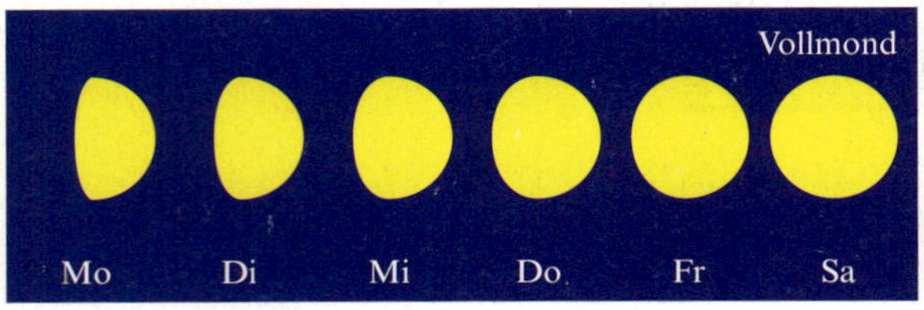

2

3

In vielen Kalendern steht, wann der Mond aufgeht und wann er untergeht. Auch sind dort die Mondphasen eingetragen. Es dauert knapp einen Monat, bis eine bestimmte Mondphase wiederkehrt. Etwa alle 29,5 Tage gibt es einen Vollmond. Aber warum sieht der Mond mal so und mal so aus?

4

5

Die Sonne beleuchtet den Mond. Von der Erde aus sehen wir einen Teil seiner beleuchteten Halbkugel. Hält man einen Ball „in die Nähe“ des Mondes, so erkennt man auf ihm eine ähnliche Schattengrenze (Bild 4). Zum Vergleich kann man den Standort wechseln: Die beleuchtete Hälfte des Balles sieht der Betrachter vollständig, wenn er die Sonne im Rücken hat. Der Ball erscheint als Vollmond (Bild 5). Umgekehrt sieht er auf die unbeleuchtete Seite, wenn der Ball „in die Nähe“ der Sonne gehalten wird. Der Ball zeigt Neumond.

> Der Mond ist stets von der Sonne zur einen Hälfte beleuchtet. Je nachdem, wie Mond und Sonne gerade zueinander stehen, sehen wir unterschiedlich viel von dieser beleuchteten Hälfte.

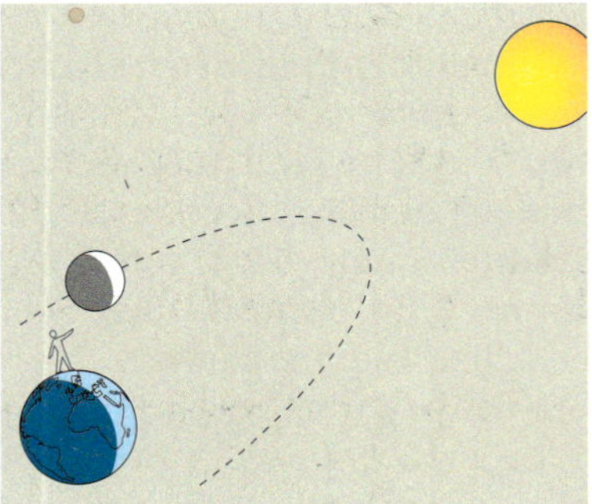
6

Die Sonne beleuchtet Erde und Mond in gleicher Weise.

Mond- und Sonnenfinsternisse

Normalerweise stehen Erde und Mond so zueinander, dass beide von der Sonne beleuchtet werden. Dann können wir die gewöhnlichen Mondphasen beobachten, die auf die Beleuchtung des Mondes durch die Sonne zurückzuführen sind.
Bei den sogenannten Finsternissen wird aber wichtig, dass es im Weltraum hinter Erde und Mond lange Schattenräume gibt.

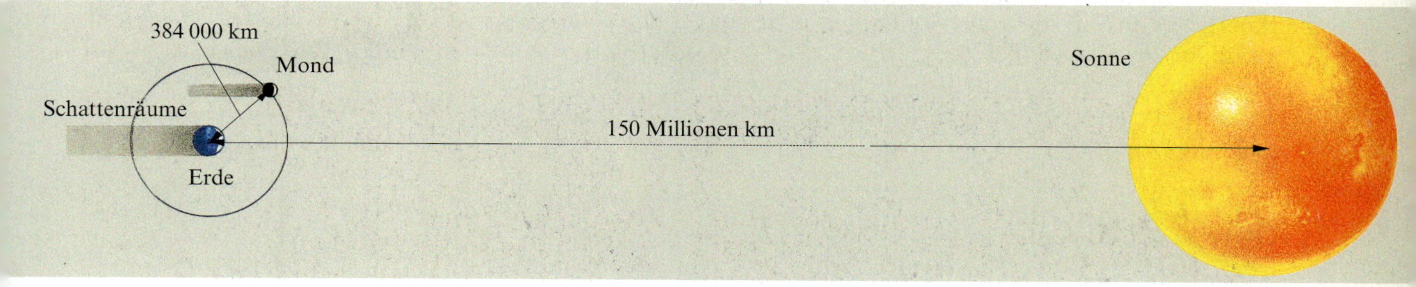

1

Mondfinsternis. Wenn der Mond durch den Schattenraum der Erde wandert, können wir nachts eine Mondfinsternis beobachten. Das geht nur bei Vollmond (Bild 2).
Man kann aber nicht jeden Monat bei Vollmond eine Mondfinsternis sehen, weil die Bahn des Mondes um die Erde und die Bahn der Erde um die Sonne nicht genau in einer Ebene liegen. So kommt es nur selten und unregelmäßig zu einer Mondfinsternis, ungefähr zweimal pro Jahr. Sie ist von der gesamten Nachthalbkugel der Erde aus zu sehen.
Die nächsten Mondfinsternisse, die man in Mitteleuropa sehen kann, finden am 21.1. 2000, 9.1. 2001 und 16.5. und 9.11. 2003 statt.

2

Sonnenfinsternis. Trifft der Schattenraum des Mondes auf die Erdoberfläche, so entsteht eine Sonnenfinsternis (Bild 3). Das Schattenbild des Mondes auf der Erde ist aber nicht einmal so groß wie Nordrhein-Westfalen. Damit es überhaupt zu einer Sonnenfinsternis kommen kann, muss sich der Mond genau auf einer Linie zwischen Erde und Sonne befinden. Auch dies tritt nur ungefähr zweimal im Jahr auf, weil die Bahnebenen von Mond und Erde gegeneinander geneigt sind. Da aber nur relativ kleine Gebiete der Erde in den Schattenraum des Mondes geraten, sind Sonnenfinsternisse an einem bestimmten Ort sehr selten.
Die letzte Sonnenfinsternis, bei der der Mond die Sonne vollständig verdeckte, war in Teilen von Deutschland am 11.8. 1999 zu beobachten; die nächste totale Sonnenfinsternis sieht man in Deutschland erst wieder am 7.10. 2135.

3

Bei einer Mondfinsternis befindet sich der Mond im Schattenraum der Erde. Bei einer Sonnenfinsternis befindet sich der Mond zwischen Sonne und Erde. Dann ist ein kleiner Teil der Erdoberfläche im Schattenraum des Mondes.

Projekt

Sonnenuhr

Die Menschen haben vor über 4 000 Jahren die Sonnenuhr als eines der ersten Zeitmessgeräte erfunden. Man erkannte, wie die Schatten von Personen oder Bäumen im Laufe des Tages Länge und Richtung änderten. Den Schatten, den die Sonne von einem Stab erzeugte, kennzeichnete man durch Markierungen. Daraus konnten nun Tages- und Jahreszeiten abgelesen werden.
An Hauswänden, die nach Süden gerichtet sind, finden wir gelegentlich sehr alte Sonnenuhren (Bild 1). Das Uhrzifferblatt besteht aus einem Halbkreis, bei dem die 12 genau unten liegt. Der Eisenstab verläuft in einem bestimmten Winkel zur Hauswand. Sein Schatten zeigt die Uhrzeit an.

1
Sonnenuhr in Münster

AUFTRAG
Baue dir aus einem Brett und einem Stab eine einfache Sonnenuhr!
Lege das Brett flach auf den Boden und bringe darauf senkrecht einen Stab an. An einem sonnigen Tag kannst du die Sonnenuhr mithilfe einer Uhr einstellen, indem du jede volle Stunde einen Strich ziehst.
So kannst du in den nächsten Tagen die Uhrzeit an deiner Sonnenuhr ablesen.

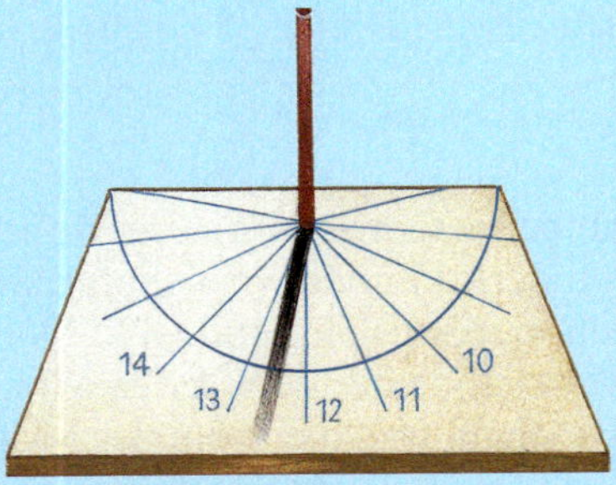

2

Nach etwa einer Woche wird deine Sonnenuhr jedoch ungenau. Das hängt damit zusammen, dass der Stab nicht parallel zur Erdachse (um die sich die Erde dreht) steht.
Wenn aber der Stab in die gleiche Richtung zeigt wie die Erdachse, geht deine Sonnenuhr genauer. Dies erreichst du, indem du den Stab nach Norden neigst. Der Winkel zwischen Stab und Grundfläche muss der geographischen Breite (Bild 3) deines Standortes entsprechen. Auch bei einer vertikalen Sonnenuhr wie in Bild 1 muss der Schattenstab parallel zur Erdachse verlaufen.
Eine Sonnenuhr kannst du auch einfach aus Pappe herstellen wie in Bild 4. Sie ist für Nordrhein-Westfalen entworfen und muss mit einem Kompass genau nach Norden ausgerichtet werden.

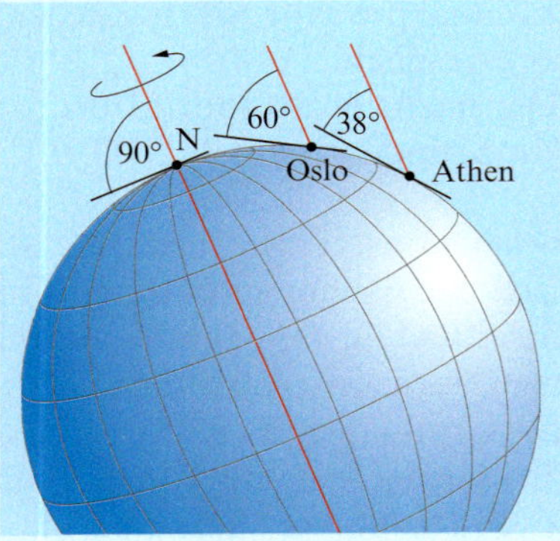

3

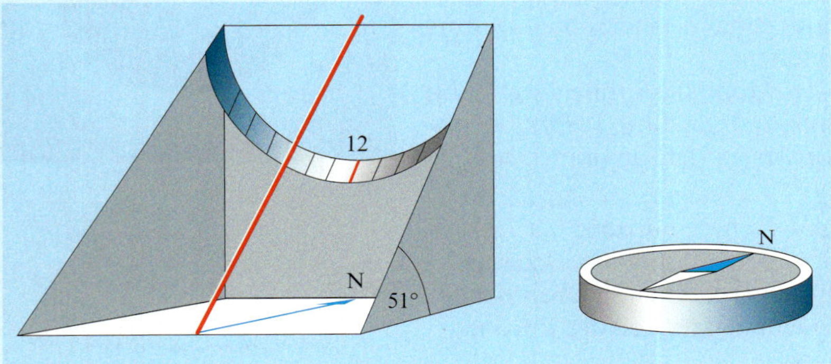

Sonnenuhr für Nordrhein-Westfalen 4

Einige geographische Breiten in Europa

Oslo, St. Petersburg	60°
Glasgow, Kopenhagen	56°
Magdeburg	52°
Köln, Dresden	51°
Prag, Mainz	50°
Paris	49°
München	48°
Rom	42°
Athen	38°

Lochkamera

AUFTRAG 1
Stich mit einem Nagel in ein Stück Pappe ein Loch mit einem Durchmesser von etwa 2 mm. Versuche nun, in einem verdunkelten Raum eine Kerzenflamme mithilfe des Loches an einer Wand abzubilden. Verändere dazu die Abstände zwischen Kerze und Wand, zwischen Kerze und Loch sowie zwischen Loch und Wand!
Du wirst feststellen, dass das Loch ein Kopf stehendes und seitenverkehrtes Bild der Kerzenflamme erzeugt (Bild 1). Wie kannst du dieses Bild vergrößern oder verkleinern?
Probiere auch aus, was geschieht, wenn du ein kleineres oder ein größeres Loch verwendest!

1

Mit dem „Lochprinzip" kannst du sogar eine Art Kamera bauen. Bei ihr sieht man Landschaften oder andere Szenen auf einem Schirm aus Transparentpapier.

2

AUFTRAG 2
Baue dir eine Lochkamera!
Du brauchst eine Blechdose oder eine Papprolle mit Deckel. In die Stirnseite machst du mit einem Nagel ein kleines Loch. Auf eine Rolle aus schwarzem Karton, die genau in die Dose passt, klebst du Transparentpapier. Schiebe die Rolle mit dem Transparentpapier nach vorn in die Dose.

Wie lässt sich das Prinzip der Lochkamera verstehen?
Du weißt, dass sich Licht geradlinig ausbreitet. Es verläuft ein Lichtstrahl von einem Punkt des Gegenstandes durch das Loch zu einem dazugehörigen Punkt. Diesen nennt man zugeordneten Bildpunkt. Jedem Punkt des Gegenstandes ist genau ein Bildpunkt zuzuordnen (Bild 3).
Wenn das abbildende Loch sehr klein ist, ist das Bild am schärfsten. Aber es ist sehr lichtschwach. Bei Vergrößerung des Loches wird das Bild zwar heller, aber auch unschärfer.
Besonders eindrucksvoll ist eine große begehbare Lochkamera, in der es vollkommen dunkel ist und die nur durch ein kleines Loch Licht ins Innere lässt. So kann man im Inneren auf einer Leinwand oder einem Schirm ein farbiges Bild der Außenwelt erzeugen.
Solche dunklen Kammern, lateinisch **Camera obscura,** hat man in früheren Zeiten, als es noch keine Fotokameras gab, auf Marktplätzen aufgestellt. Die Menschen waren fasziniert von den Bildern der Kirche, des Schlosses oder der Bäume und Menschen außerhalb. Vielleicht findet auch ihr es heute noch spannend, dass ein kleines Loch solche Bilder erzeugt?

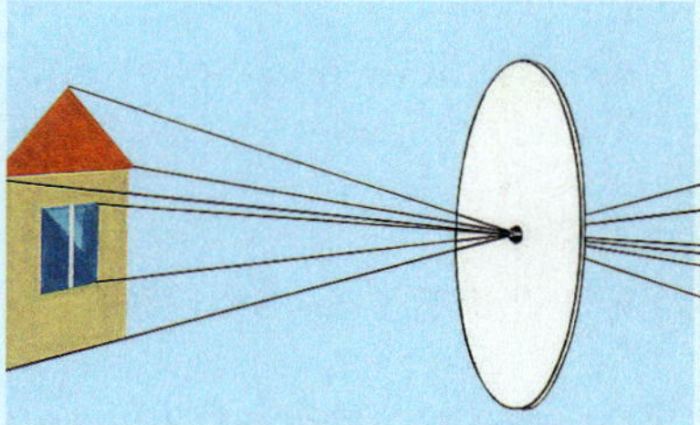
Bildentstehung mit einem Loch 3

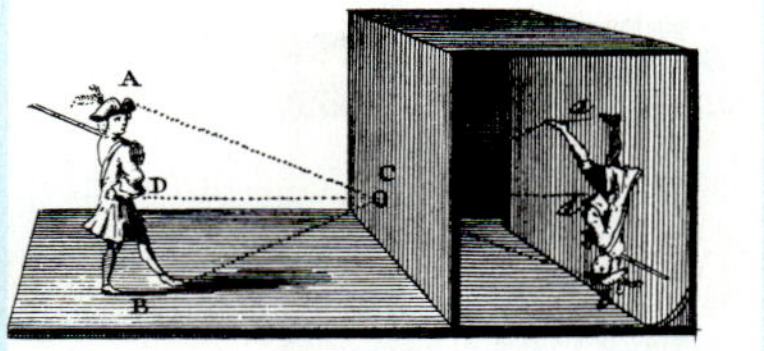

4
Camera obscura

AUFGABEN

1. Welche drei Dinge sind nötig, damit ein Schattenbild entstehen kann?
2. Beschreibe Experimente, mit denen man zeigen kann, dass sich Licht geradlinig ausbreitet!
3. Warum sind Schreibtische oder Schülertische in der Klasse meistens so aufgestellt, dass das Tageslicht von links einfällt?
   Für wen ist das ein Problem?
4. Verwende unterschiedliche Lichtquellen (Kerze, Schreibtischlampe, Leuchtstofflampe) zur Erzeugung von Schatten deiner Hand an der Wand.
   Welche Schatten sind besonders scharf?
   Verändere auch die Abstände zwischen Lichtquelle und Hand sowie Hand und Wand!
5. Bei einer Fernsehübertragung stellst du fest, dass alle Fußballspieler vier Schatten haben.
   Wie ist das möglich?
   Was müsste man tun, damit es nur noch drei Schatten sind?
6. Eine waagerechte Leuchtstofflampe beleuchtet ein senkrecht gestelltes Brett (Bild 1).

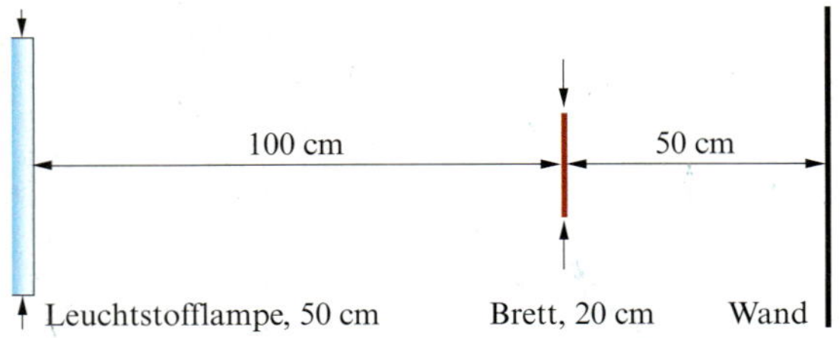

1

   Konstruiere das Schattenbild, das auf der Wand entsteht!

7. Sieh dir nachmittags den Schatten eines Laternenpfahls an. Betrachte die Ränder am Anfang und am Ende des Schattens. Beschreibe und erkläre deine Beobachtung!
8. An einer Wand werden mit einer roten und einer grünen Lampe Schattenbilder einer Vase erzeugt. Welche Farben haben jeweils Schatten 1 und Schatten 2? Probiere es aus!

2

9. In Kalendern sind Mondphasen eingetragen. Zähle die Tage zwischen zwei Vollmonden! Zeichne für jeden Tag dazwischen das ungefähre Aussehen des Mondes!
10. Warum treten Mondfinsternisse nur bei Voll- und Sonnenfinsternisse nur bei Neumond ein?
11. Erzeuge mit einer Lampe als Sonne, einem Tennisball als Erde und einer Haselnuss als Mond eine Sonnen- und eine Mondfinsternis!
12. In welcher Phase befindet sich der Mond, wenn er trotz wolkenlosen Himmels eine ganze Nacht nicht zu sehen ist?
13. Begründe anhand einer Skizze, dass Sonnenfinsternisse stets nur auf einem kleinen Teil der Erdoberfläche zu beobachten sind!

ZUSAMMENFASSUNG

Bei einseitiger Beleuchtung entsteht hinter einem undurchsichtigen Körper ein Schattenraum.
Das Licht breitet sich geradlinig aus. Daher ist auch der Schattenraum geradlinig begrenzt.

Zwei punktförmige Lichtquellen können bewirken, dass Kern- und Halbschatten entstehen.
Der Halbschatten wird dann nur von einer der beiden Lichtquellen beleuchtet.

Energie

Energie ist aus unserem Leben nicht mehr wegzudenken. Früher mussten sich die meisten Menschen selbst anstrengen, wenn sie kochen oder waschen wollten, den Acker pflügen oder in einen anderen Ort reisen mussten.
Heute werden uns alle diese Tätigkeiten des täglichen Lebens erleichtert durch Energie, die uns z. B. durch elektrische Leitungen oder mit dem Erdöl geliefert wird.

Nun brauchen wir uns um das Feuer in der Heizung kaum noch zu kümmern und Maschinen nehmen uns schwere Arbeiten ab.
Meistens denken wir gar nicht darüber nach, woher die Energie kommt und wie groß der Aufwand ist, damit wir es so bequem haben.

Wenn Staubteilchen oder winzige Steine aus dem Weltraum auf die Erde treffen, erhitzen sie sich bei Eintritt in die Lufthülle der Erde stark. Meist verglühen sie bereits in mehreren Kilometern Höhe. Ihre hellen Spuren am Nachthimmel nennen wir Sternschnuppen. Wenn allerdings ein großer Meteorit die Erdoberfläche erreicht, entstehen beim Aufprall sehr hohe Temperaturen. Große Gesteinsmengen werden hochgeschleudert, werden flüssig oder verdampfen gar. Riesige Einschlagkrater können zurück bleiben.

1

Bewegung und Energie

Zum Glück treffen große Meteoriten nur sehr selten auf die Erde. Aber das Aufleuchten von Sternschnuppen kannst du in fast jeder klaren Nacht beobachten (am besten außerhalb einer beleuchteten Ortschaft). Auch Raumschiffe erhitzen sich stark, wenn sie bei der Rückkehr zur Erde durch die Lufthülle abgebremst werden.
Auf der Erde können ebenfalls hohe Temperaturen entstehen, wenn Körper abgebremst werden, die sich schnell bewegen:

2

An der Unterseite der Raumfähre befindet sich ein Hitzeschild.

EXPERIMENT 1
Bremse auf einem unbefahrenen Weg mehrmals heftig mit dem Fahrrad, ohne dass die Räder blockieren! Fühle dann die Bremsen! Wird eine Bremse auch warm, wenn das Rad blockiert? Versuche zu erklären!

Durch bewegte Gegenstände können andere Körper erwärmt werden. Dazu ist Energie erforderlich. Also müssen Körper, die sich bewegen, Energie enthalten. Wenn ein schnelles, schweres Auto bremst, können seine Bremsen sehr heiß werden (Bild 3), ihre thermische Energie nimmt zu. Diese Energie kommt aus der Bewegung des Autos. Während die Temperatur der Bremsen immer mehr steigt, wird das Auto immer langsamer und bleibt schließlich stehen. Die Energie, die das Auto zunächst als **Bewegungsenergie** enthält, steckt schließlich als thermische Energie in den Bremsen.

3

Bremsscheibe nach langem, heftigem Bremsen

Körper, die sich bewegen, können andere Körper erwärmen. Sie enthalten Bewegungsenergie. Die Bewegungsenergie eines Körpers ist umso größer, je schneller er sich bewegt und je schwerer er ist.

Beim Bremsen werden zwei Körper aneinander gerieben. Du selbst kannst durch Reibung die thermische Energie von Körpern erhöhen:

EXPERIMENT 2
1. Reibe deine Hände schnell aneinander. Was fühlst du?
2. Reibe mit deinem Handballen schnell über eine raue Oberfläche. Pass auf, dass du dich nicht verbrennst!
3. Wickle einen Lederriemen (oder einen dicken Bindfaden) um eine fest eingespannte Stativstange. Ziehe den Riemen einige Male fest hin und her. Vergleiche die Temperatur der Stange vorher und nachher!

1

Wenn zwei Körper aneinander gerieben werden, entsteht thermische Energie.

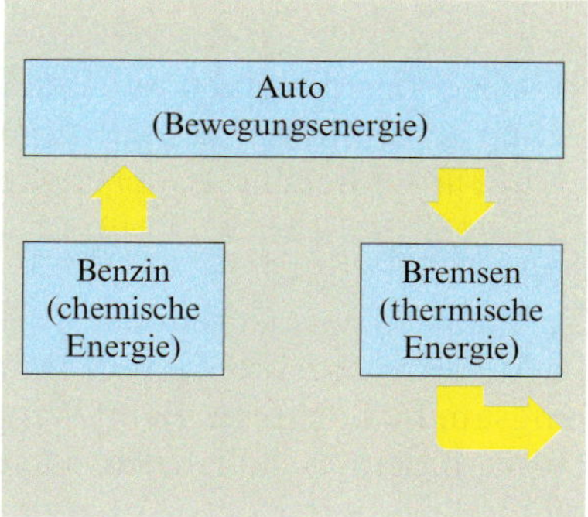

2

Der Weg der Energie beim Autofahren

Das Auto wird von einem Motor angetrieben, der Benzin verbrennt. Benzin enthält chemische Energie, die vom Motor in Bewegungsenergie gewandelt wird. Beim Abbremsen wird die Bewegungsenergie in thermische Energie gewandelt (Bild 2).
Du weißt nun schon einiges über die Energie. Aber was würdest du antworten, wenn dich jemand fragen würde, was Energie eigentlich ist? – Leichter ist es zu beschreiben, woran man Energie erkennt, und noch einfacher ist es herauszufinden, wie man Körper erkennen kann, die Energie enthalten.

Weitere Merkmale der Energie

Besonders leicht ist Energie zu erkennen, wenn sie „unterwegs" ist, wenn sie also gerade von einem Körper auf einen anderen übergeht. Dann nimmt die Energie des einen Körpers ab, die des anderen aber entsprechend zu. Und die dazu gehörenden Veränderungen an den Körpern sind leicht zu bemerken. Wenn du an einer Kletterstange hinunterrutschst, musst du aufpassen, dass du dir die Hände nicht verbrennst. Wenn du nicht fest zufasst, rutschst du sehr schnell hinunter. Und diese Bewegungsenergie musst du wieder loswerden – entweder auf einer Matte am Boden oder eben in deinen Händen. Weil du dich in Bewegung setzen und dadurch deine Hände erwärmen konntest, musst du also bereits oben Energie besessen haben.

1

Ein Körper, der einen anderen Körper (oder sich selbst) in Bewegung setzen kann, enthält Energie. Denn durch diese Bewegung kann anschließend etwas erwärmt werden.

Ein Ball wird immer schneller, wenn er einen Hang hinunterrollt, eine Pendeluhr wird von Gewichtsstücken in Gang gehalten, die dabei langsam tiefer sinken. Beim Wippen hebt ein Kind ein anderes in die Höhe, indem es sich selbst nach unten bewegt: Offensichtlich enthalten alle diese Körper Energie.

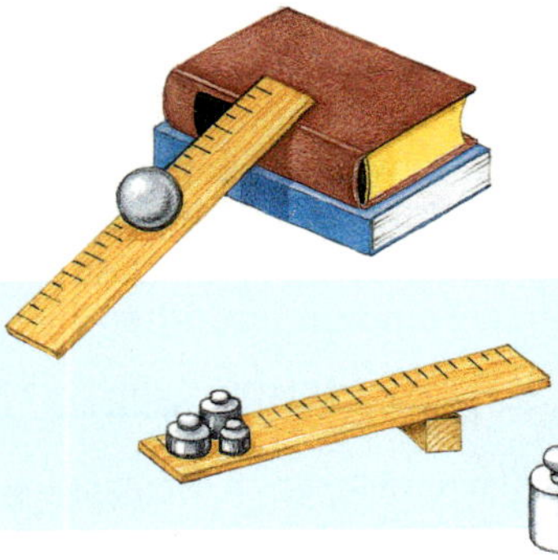
2

EXPERIMENT 3
1. Lass Kugeln aus unterschiedlicher Höhe hinabrollen!
2. Versuche, mit einem großen Gewichtsstück kleine Gewichtsstücke in die Höhe zu heben!

Je höher die Kugel anfangs liegt, desto schneller rollt sie, wenn sie auf dem Tisch ankommt. Desto mehr Energie muss sie also in der Höhe gehabt haben. Mit dem größeren Gewichtsstück kannst du mehrere kleine Gewichtsstücke in dieselbe Höhe heben oder eines der kleinen Gewichtsstücke viel höher heben.

Jeder Körper, der an einen tiefer gelegenen Ort gelangen kann, enthält Lageenergie. Diese ist umso größer, je höher sich der Körper befindet und je schwerer er ist.

3

Nicht immer, wenn du Bewegung erzeugen willst, benutzt du eine Batterie oder hebst du einen Körper hoch. In vielen Spielzeugen werden stattdessen Federn oder Gummibänder gespannt. Dabei wird die Energie zunächst in die Feder gesteckt, die sie dann plötzlich abgibt – hoffentlich zum richtigen Zeitpunkt (Bild 3)!

Gespannte Federn und Gummibänder können Bewegung erzeugen. Sie enthalten Spannenergie.

AUFGABEN

1. Finde weitere Beispiele, die deutlich machen, dass sich bewegende, hochliegende oder verformte Körper Energie enthalten!
2. An welcher Stelle deines Schulweges hast du die größte Lageenergie, wo die größte Bewegungsenergie? Gibt es da einen Zusammenhang?
3. Es gibt viele verschiedene Batterien, z. B. 1,5-V-Mignonzellen oder 1,5-V-Babyzellen. Wie könnte man mit einem Experiment untersuchen, welche davon mehr Energie enthält?
4. Stelle dein Fahrrad auf Sattel und Lenker und bringe eins der beiden Räder in Schwung. Zeige, dass das Rad Energie enthält, indem du damit etwas anderes in Bewegung setzt, erwärmst oder Licht erzeugst. Beobachte dabei auch das Rad ganz genau!
5. Entwirf ein Spielzeug, bei dem mithilfe eines Gewichtsstückes eine Drehbewegung erzeugt werden kann! Durch die Drehung soll danach wieder ein Gewichtsstück hochgezogen werden.
6. Puste einen Luftballon auf und lass ihn dann los. Beobachte und beschreibe den Vorgang! Was hat er mit Energie zu tun?
7. Drei Merkmale zeigen, dass eine Raumfähre beim Eintritt in die Lufthülle der Erde Energie enthält. Welche?
8. Nenne Beispiele, in denen die Bewegungsenergie von Wasser genutzt wird!
9. Lass mit einem Lineal einen Radiergummi in die Höhe fliegen. Untersuche dabei, wovon die Energie im verbogenen Lineal abhängt!
   a) Verbiege das Lineal unterschiedlich stark!
   b) Nimm verschieden steife Lineale!
   c) Lass das Lineal verschieden weit über die Kante stehen!

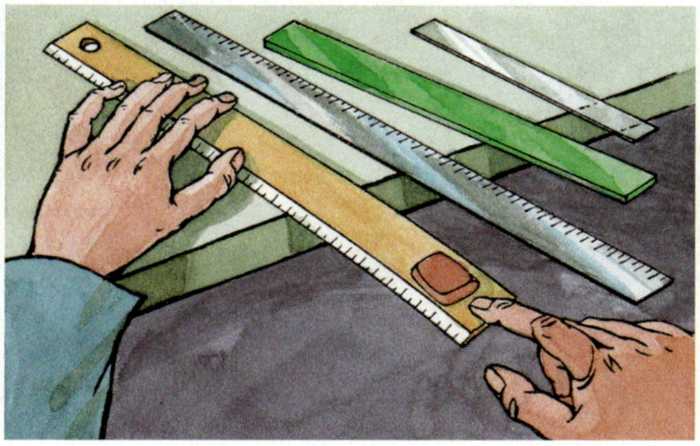

1

10. Formuliere mit einem Satz, wie man einer Feder ansehen kann, wie viel Spannenergie sie enthält: „Je ... , desto ...“. Denke dabei auch an unterschiedlich harte Federn!

ZUSAMMENFASSUNG

Ein Körper enthält Energie, wenn es mit ihm möglich ist, einen anderen Körper zu erwärmen, in Bewegung zu setzen oder zu verformen.

Art der Energie	erkennbar an	Beispiele
chemische Energie	Füllstand (nicht immer)	Autotank, Batterie, Lebensmittel
Bewegungsenergie	Geschwindigkeit	Schwungrad, Wind, Wasser
Lageenergie	Höhe über Grund	Gegengewichte beim Aufzug
Spannenergie	Verformung	Sprungbrett, Bogen
thermische Energie	Temperatur	Dampfkessel

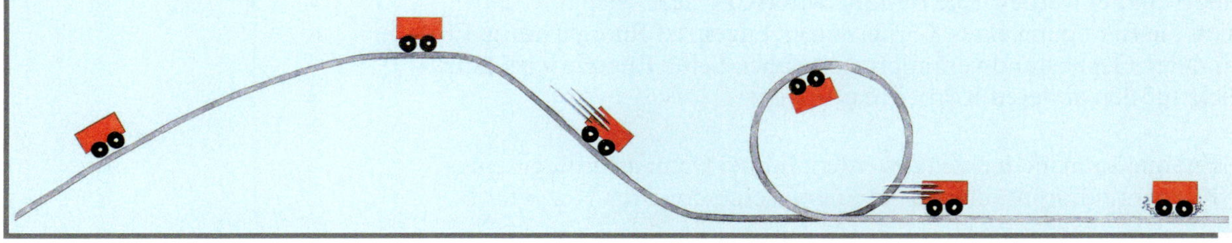

Umwandlung und Transport von Energie

1

Alle Vorgänge auf der Erde werden durch Energie angetrieben: Nicht nur die Bewegungen von Fahrzeugen oder von Menschen und Tieren, auch der Wind und der Regen enthalten viel Energie. Und bei genauem Hinschauen stellt man fest: letztlich kommt die Energie für diese Vorgänge fast immer von der Sonne.
Auf welche Weisen kann Energie übertragen werden und wie verändern sich die beteiligten Körper und die Energie dabei?

Energie wird übertragen

Spielzeuge wie in Bild 2 befinden sich in einer regellosen Bewegung, die anscheinend niemals aufhört. Viele Menschen erklären sich das damit, dass da „Magnete im Spiel" sind.
Aber kann das der einzige Grund sein? Wenn man ein solches Spielzeug aus der Ruhe ganz vorsichtig anstößt, beginnt es sogar „von allein", sich immer heftiger zu bewegen.

2

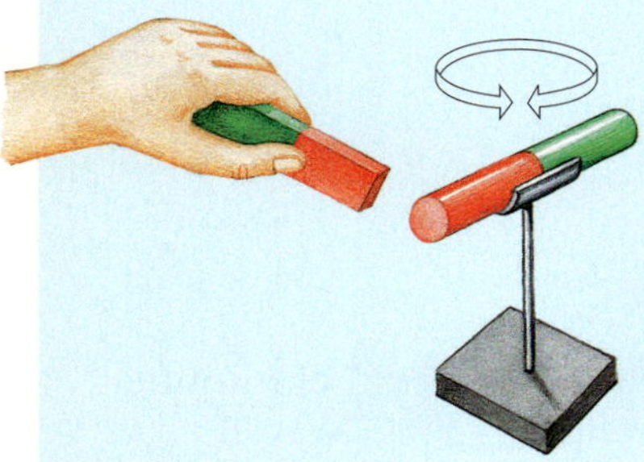

3

4

EXPERIMENT 1
Ein Magnet soll in ständiger Bewegung gehalten werden:
1. Versuche es mit einem Stabmagneten, den du in der Nähe des drehbaren Magneten bewegst!
2. Benutze einen Elektromagneten: Schalte den Strom stets im richtigen Moment ein und aus!

Der Magnet kommt wegen der Reibung schnell zur Ruhe, wenn du den zweiten nicht bewegst; der Elektromagnet muss ständig an- und abgeschaltet werden. Die Batterie wird bald „leer" sein.
Um die Bewegung eines Körpers zu erzeugen, ist Energie nötig. Ein anderer Gegenstand verändert sich dabei. Seine Energie wird nämlich auf den anderen Körper übertragen.

Energie kann nicht erzeugt werden: Immer wenn die Energie eines Körpers zunimmt, nimmt die Energie eines anderen Körpers ab.

Das Perpetuum mobile

1

Perpetuum mobile von LEONARDO DA VINCI. Eine schwere Flüssigkeit in den Kugeln soll die Maschine ständig in Bewegung halten.

Immer wenn du beobachtest, dass sich etwas scheinbar von selbst in Bewegung setzt, dann weißt du, dass dahinter ein Trick stecken muss: Bewegung entsteht nicht von allein. Dafür ist ein anderer Körper nötig, der Energie abgibt.
Tatsächlich waren die Menschen stets von der Idee fasziniert, eine Maschine zu bauen, die ihnen die Arbeit abnehmen kann, auch wenn keine Energie, z. B. in Gestalt von fließendem Wasser oder Wind, zur Verfügung steht. Die Menschen haben deshalb jahrhundertelang versucht, ein solches *Perpetuum mobile* zu erfinden. Aber alle Versuche scheiterten und bereits seit etwa 1850 werden bei den Patentämtern keine solchen Vorschläge mehr geprüft – so sicher ist man, dass diese Maschinen nicht funktionieren können.
Zwar gibt es immer wieder Erfinder, die die Hoffnung nicht aufgeben wollen, jedoch bleiben ihre Maschinen bald stehen (wie die in Bild 2) oder sie besitzen eine versteckte Energiequelle.
Gibt es nicht wenigstens Geräte, die zwar keine Energie abgeben, die sich aber von selbst immer weiter bewegen, wenn sie erst einmal in Gang gesetzt worden sind (Bild 1)? Leider bleiben auch diese Maschinen schließlich stehen, weil nicht völlig verhindert werden kann, dass Energie nach außen abgeben wird – z. B. als thermische Energie, die durch Reibung entsteht.
Trotzdem träumen die Menschen weiter von Dingen, die ewig in Bewegung sind. Künstler drücken diesen Traum mit ihren Mitteln aus: Komponisten schreiben Stücke, die so klingen, als wollten sie niemals enden (z. B. J. STRAUSS: „Perpetuum mobile", N. PAGANINI: „Moto perpetuo") und der Grafiker M. C. ESCHER hat in seinem Bild „Der Wasserfall" ewig fließendes Wasser gezeichnet (Bild 3).

2

3

Arten des Energietransports

Du kennst bereits verschiedene Möglichkeiten, wie thermische Energie von einem Körper zu einem anderen transportiert werden kann: Durch Wärmeleitung, Wärmestrahlung und Wärmemitführung. Ähnliche Transportarten gibt es auch für andere Energieformen. Wenn du ein Rad antreiben willst, brauchst du es nicht direkt zu berühren. Stattdessen kannst du ihm die Energie über einen anderen Körper zuführen. Dies kann eine Kette oder ein Stromkabel sein. Ähnlich wird die thermische Energie von einem heißen Getränk über einen Teelöffel zu deiner Hand *geleitet*.

Von der Sonne gelangt Energie auf die Erde und in dein Zimmer. Aber es gibt auch andere Möglichkeiten, Energie durch *Strahlung* zu übertragen:

1
Energieleitung

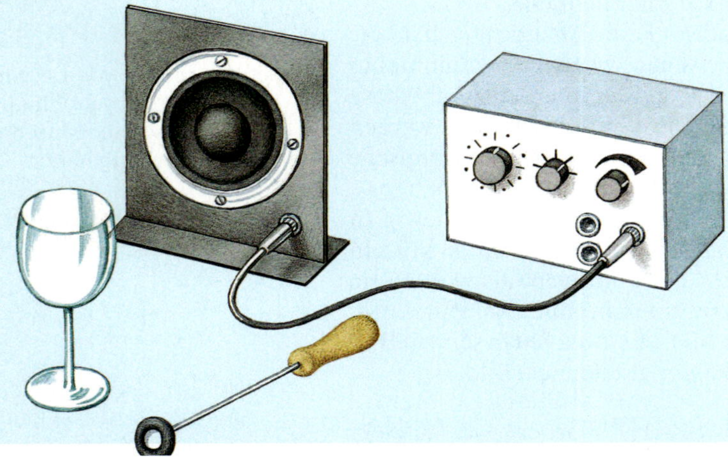
2

EXPERIMENT 2
Ein Weinglas wird vorsichtig angeschlagen und man merkt sich den dabei entstehenden Ton.
Ein Lautsprecher wird so eingestellt, dass er einen Ton gleicher Höhe erzeugt.
Der Lautsprecher wird auf das Glas gerichtet und sehr laut eingestellt. Dann wird er plötzlich abgestellt.

Nachdem der Lautsprecher abgestellt ist, hört man das Glas noch einen Moment klingen. Die Bewegung des Lautsprechers ist durch Schall auf das Glas übertragen worden.

Bei der Zentralheizung erhält der Heizkörper die thermische Energie mit dem heißen Wasser. Das Elektrizitätswerk erhält die Energie mit der Kohle, das Auto mit dem Benzin, dein Walkman mit der Batterie und du selbst mit dem Essen. In diesen Fällen erhalten Körper Energie durch Stoffe, die selbst viel Energie besitzen, zumeist chemische Energie. Durch eine solche *Mitführung* kann Energie auch über große Entfernungen transportiert werden. Dafür haben die Menschen riesige Tanker und Tanklastzüge gebaut. Durch Öl- und Gaspipelines sind viele Länder miteinander verbunden.

3
Energiestrahlung

4
Energiemitführung

Energie kann auf verschiedene Arten transportiert werden:
- durch Leitung (elektrischer Strom, Seile, Stangen),
- durch Mitführung (Kohle, Öl, Nahrung),
- durch Strahlung (Licht, Schall).

Energietransportketten

1

2

Das Mühlrad in Bild 1 versorgt die Mühle ständig mit Energie. Ein Perpetuum mobile? – Natürlich nicht: Das Rad wird vom Wasser des Mühlbaches bewegt. Und das hat seine Energie letztlich von der Sonne. Die Sonne erwärmt das Wasser des Meeres, sodass es verdunstet, aufsteigt und sich in hohen Wolken sammelt (Bild 2). Von dort regnet es vielleicht in einen Bergsee, der den Mühlbach speist. Das fließende Wasser des Baches dreht das Mühlrad, bevor es schließlich wieder ins Meer fließt.
Vielleicht wird in der Mühle direkt ein Mahlwerk bewegt, das Korn zu Mehl mahlt. Vielleicht wird aber auch ein Generator angetrieben, der elektrischen Strom erzeugt und dadurch einen großen Akku auflädt. Mit der im Akku gespeicherten Energie kann man vieles machen, z. B. kochen oder waschen.
Bis die Energie der Sonne also das Essen in der Mühle erwärmt, wird sie in vielen Zwischenschritten von Körper zu Körper weitergereicht – wie früher das Löschwasser in einer Menschenkette (Bild 4). Man spricht deshalb bei solchen Vorgängen von Energietransportketten. In einer Energietransportkette kann die Energie mehrfach ihre Erscheinungsform ändern. Die Energie wird umgewandelt. Manche Körper dieser Ketten können viel Energie speichern (wie z. B. das warme Meerwasser, das Wasser im Bergsee und der Akku). Sie werden als **Energiespeicher** bezeichnet. In ihnen kann die Energie „Pause machen“ und später ihren Weg fortsetzen.
Eine andere Aufgabe haben z. B. Motor, Generator und Glühlampe: Sie können keine Energie speichern (oder nur ganz wenig). Aber sie ändern die Erscheinungsform der Energie: Sie sind **Energiewandler**.

3

Die ganze Tagseite der Erde erhält Energie von der Sonne.

4

So wurde früher Wasser aus dem Löschteich geholt.

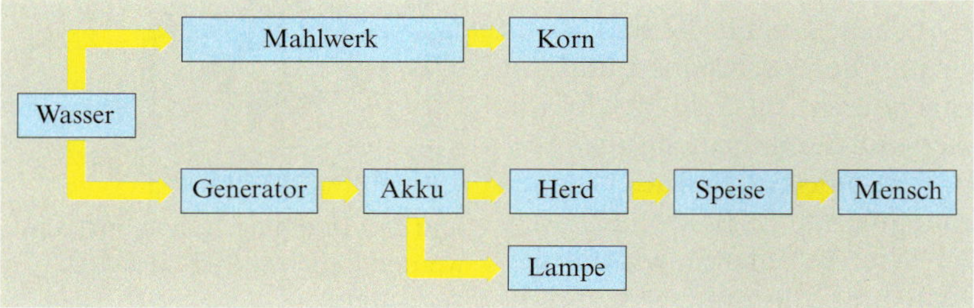

5

So könnte der weitere Weg der Energie durch die Mühle aussehen.

Macht Energie dick?

1

2

3

Die Energie, die wir zum Leben, zum Arbeiten und Spielen brauchen, nehmen wir mit unseren Lebensmitteln beim Essen auf. Ob wir dabei dick werden, hängt davon ab, wie Nahrungsaufnahme und Bewegung zueinander passen.

Was der Körper mit der Nahrung macht. Unser Organismus ist ein Heizkraftwerk und eine chemische Fabrik: Solange wir leben, ist unser Körper warm und bei großer Anstrengung (z. B. beim Sport) wird uns regelrecht heiß. Für das Wachstum und den Erhalt unseres Körpers müssen dauernd Zellen für Knochen, Haut, Haare und Blut hergestellt werden.
Den Brennstoff und die chemischen Rohstoffe liefert unsere Nahrung. Unentbehrlich für den Betrieb unseres „Heizkraftwerkes“ sind die Nährstoffe Fett und Kohlenhydrate, während die „Chemiefabrik“ Eiweiße, Vitamine und Mineralstoffe benötigt. Auf vielen Verpackungen findest du Angaben darüber, wie das Lebensmittel aus diesen Bestandteilen zusammengesetzt ist.

Zimt, Aroma (natürlich, naturidentisch), Vitamine (Niacin, Vit.B6, Vit.B2, Vit.B1, Folsäure, Vit.B12) und Eisen.

NÄHRWERTINFORMATION

Nährwert-gehalt	pro 100 g	pro Portion von 30 g mit 125 ml fettarmer Milch
Energie	1606 kJ 378 kcal	654 kJ 155 kcal
Proteine (Eiweiß)	8,1 g	7,0 g
Kohlenhydrate	82,0 g	26,0 g
– davon Zucker	36,0 g	13,0 g
– davon Stärke	46,0 g	13,0 g
Fett	2,0 g	2,5 g
– davon gesättigte Fettsäuren	1,0 g	1,3 g
Ballaststoffe	3,4 g	4,8 g
Natrium	0,4 g	0,3 g
Niacin	15 mg (85%)*	4,6 mg (25%)*
Vitamin B6	1,7 mg (85%)*	0,6 mg (30%)*
Vitamin B2	1,3 mg (80%)*	0,6 mg (40%)*
Vitamin B1	1,2 mg (85%)*	0,4 mg (30%)*
Folsäure	167 µg (85%)*	57 µg (30%)*
Vitamin B12	0,8 µg (80%)*	0,7 µg (70%)*
Eisen	7,9 mg (55%)*	2,4 mg (15%)*
Calcium		150 mg (20%)*

* Prozent der empfohlenen Tageszufuhr

4

Auf der Verpackung findest du Angaben über Zusammensetzung und Energiegehalt des Lebensmittels.

Energie in Lebensmitteln. Wenn du die Verpackungen von Lebensmitteln genau studierst, findest du oft eine Angabe mit der Einheit Kilojoule (kJ): „100 g des Quarkdesserts enthalten 535 kJ.“ Der Becher enthält 200 g Quark. Nach seinem Verzehr hast du also 1 070 kJ zu dir genommen. Würde diese Energie an 3 Liter Wasser von 10 °C abgegeben, würde es zum Sieden kommen.

Gibt es in unserem Körper ein Feuer? Brennen in unserem Körper Quark, Kartoffelchips oder Fruchtsaft? – Wenn Kohle verbrannt wird, entstehen thermische Energie, Asche und Rauch. Für die Verbrennung ist Sauerstoff erforderlich. Auch die Nährstoffe Fett, Kohlenhydrate und Eiweiße könnten wir im Ofen verbrennen und die dabei frei werdende Energie als Wärme nutzen. Tatsächlich wird die Energie von Lebensmitteln so gemessen und deshalb auch *Brennwert* genannt. Dabei findet man, dass ein Gramm Fett (z. B. Butter) ungefähr 40 kJ enthält. Ein Gramm Kohlenhydrate (z. B. Zucker) oder Eiweiße enthalten dagegen nur 17 kJ. Wie viel Energie wir mit der Nahrung zu uns nehmen, hängt also von ihrer Zusammensetzung ab.

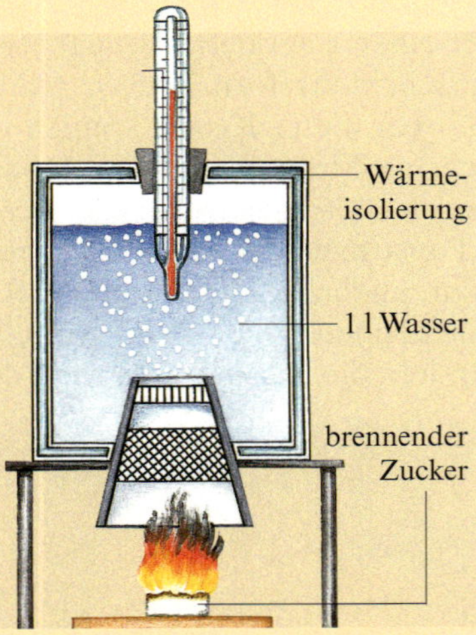

5

Um den Energiegehalt zu messen, werden Lebensmittel tatsächlich verbrannt.

In unserem Körper jedoch verbrennt die Nahrung nicht mit offener Flamme oder bei Rotglut. Die „Verbrennung“ im Körper unterscheidet sich von der Verbrennung im Ofen dadurch, dass sie nicht so plötzlich, sondern in vielen Teilschritten langsam erfolgt.
Den nötigen Sauerstoff atmen wir mit der Luft ein. In der Lunge gelangt der Sauerstoff ins Blut und dieses transportiert ihn zum Ort der „Verbrennung“, z. B. in die Muskeln. Die „Asche“ dieser Verbrennung sind Wasser, das Gas Kohlenstoffdioxid und sogenannte Ballaststoffe. Du scheidest sie beim Ausatmen und durch Niere und Darm aus.

Wie viel Energie brauchen wir? Der Energiebedarf des Körpers hängt vom Alter und natürlich von der Tätigkeit ab: Kinder im Wachstum brauchen mehr Energie als Erwachsene und bei schwerer körperlicher Arbeit braucht man mehr als beim Spazierengehen (Bild 1).
Als Radfahrer weißt du, wie anstrengend es ist, eine Strecke von 20 km in einer Stunde zu fahren. Die Energie, die dafür nötig ist, ist in einer Tafel Schokolade enthalten!
Aber selbst wenn du ganz ruhig im Bett liegst oder in einem Sessel sitzt, braucht dein Körper Energie: Du atmest, dein Herz schlägt und du musst deinen Körper warm halten. Weil er eine höhere Temperatur als die Luft hat, gibt er ständig Energie ab. – Zehn Menschen geben etwa so viel thermische Energie ab wie ein Heizlüfter.

Der Körper als Energiespeicher. Was macht der Körper mit der Energie, die nicht für Arbeit verbraucht wird? Er legt für „schlechte Zeiten“ Reserven an. Und dafür eignet sich Fett am besten. Um 10 000 kJ Energie zu speichern, setzt der Körper 250 Gramm Fett an. Weil es aber in den reichen Ländern die „schlechten Zeiten“ nur selten gibt, haben immer mehr Menschen überschüssige Fettreserven. Deshalb darf man zu Recht sagen: Nur wenn man sich falsch ernährt, macht Energie dick.

Der Energiebedarf in einer Stunde

1

Energiegehalt von Nahrungsmitteln

Nahrungsmittel (100 g)	Energiegehalt in kJ
Butter	3 100
Schokolade	2 300
Zucker	1 700
Schnitzel	1 100
Roggenbrot	900
Pommes frites	800
Hühnerei	670
Milchspeiseeis	530
Kartoffeln	300
Milch	270
Mineralwasser	0

Energiebedarf an einem Tag

Alter in Jahren	Jungen/ Männer in kJ	Mädchen/ Frauen in kJ
9 bis 12	9 700	8 800
12 bis 15	11 700	10 500
15 bis 18	13 000	10 500
18 bis 35	11 700	9 700
35 bis 60	10 100	8 400

Junge Menschen brauchen besonders viel Energie.

AUFGABEN

1. Ein Stück Käsekuchen enthält etwa 1 750 kJ. Wie lange müsstest du wandern, Rad fahren oder Volleyball spielen, um diese Energie zu verbrauchen?
2. Notiere an drei aufeinander folgenden Tagen alles, was du isst und trinkst. Ermittle den Energiegehalt! Deckst du mit damit deinen Energiebedarf?
3. Was müsstest du tun, um 1 kg Körperfett durch Bewegung abzutainieren? Nenne verschiedene Möglichkeiten!

Projekt

Energietransportketten selbstgebaut

1

Bodo Schlauberger hat sich die Sache gut überlegt: Seine „Weckmaschine“ soll durch Sonnenlicht in Betrieb gesetzt werden ...

Energie kann in den verschiedensten Formen vorkommen: als chemische Energie, als Bewegungs-, Spann- und Lageenergie oder als thermische Energie. Und immer kann man mit ihr Gegenstände erwärmen, in Bewegung setzen oder hochheben.
Bodo Schlauberger hat in seine Maschine sehr „lange“ Energietransportketten eingebaut: Er hat das Brennglas so aufgestellt, dass die Sonne genau um acht Uhr einen Faden durchbrennen wird, der eine Feder gespannt hält ... Erzähle weiter!

AUFTRAG 1
1. Beschreibe so genau wie möglich, wie Bodos Weckmaschine funktionieren soll!
2. Glaubst du, dass die Maschine funktionieren würde? Begründe!

Tatsächlich lässt sich Energie von jeder Erscheinungsform in jede andere umwandeln. Aber so lange Energietransportketten wie in Bodos Weckmaschine sind schwierig zu konstruieren, wenn sie wirklich funktionieren sollen. Gelingt es euch trotzdem, einige „Kettenglieder“ aneinanderzuhängen, so könnt ihr wahrscheinlich eure Freunde damit verblüffen!

AUFTRAG 2
1. Baut selbst Maschinen, in denen möglichst viele verschiedene Energieumwandlungen vorkommen und die wirklich funktionieren!
   Bild 2 gibt einige Anregungen aber vielleicht fallen euch noch ganz andere Möglichkeiten ein.
2. Versucht auch, Energie zwischen zwei Körpern „hin- und herpendeln“ zu lassen!

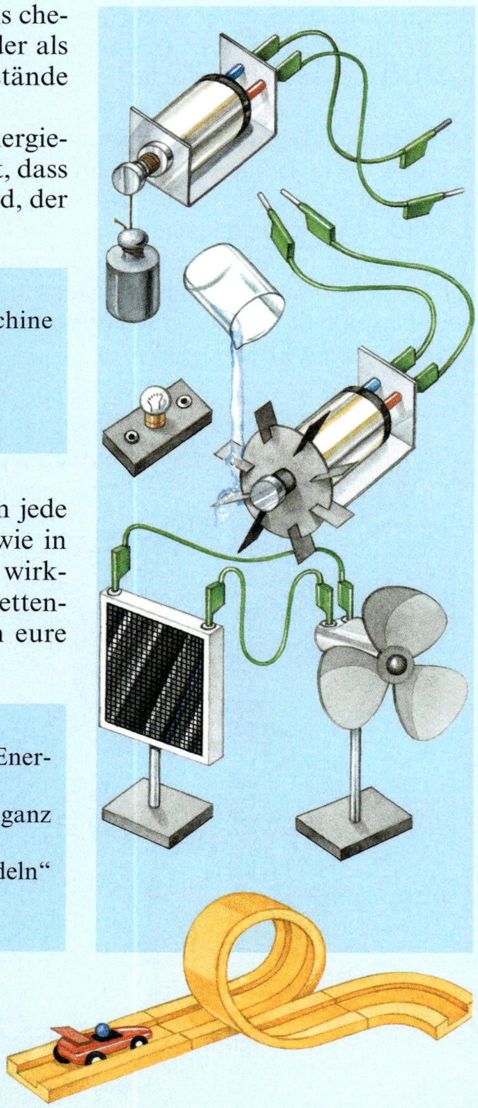

2

AUFGABEN

1

2

3

1. Beschreibe den Weg der Energie in den Bildern 1 bis 3 als Energietransportkette! Wie kann man die Kette verlängern?
2. Woher kommt die Energie, mit der Suppe auf einem (Elektro- oder Gas-) Herd erwärmt wird? Zeichne eine Energietransportkette, in der du zwischen Energiespeichern und Energiewandlern unterscheidest!
3. Zeichne ein Blockdiagramm zu Bodo Schlaubergers Maschine auf S. 114!
4. Versuche, für die Energiewandlungen in Bodos Maschine (S. 114) weitere Beispiele zu finden! Wo gibt es solche Umwandlungen in der Natur?
5. Welche Arten der Energie kennst du? Nenne für je zwei von ihnen Beispiele für Umwandlungen in beiden Richtungen!
6. Manch einer glaubt, dass sich eine Autobatterie während der Fahrt von allein wieder füllt. Was meinst du?
7. Ein Spielzeugauto wird aufgezogen und durchfährt einen Looping.
   Welche Energiewandlungen treten dabei auf?
8. Nenne die verschiedenen Arten der Energieübertragung.
   Finde für jede von ihnen zwei weitere Beispiele!

ZUSAMMENFASSUNG

Energie kann nicht erzeugt werden. Sie kann nur von Körper zu Körper übertragen werden. Dabei entstehen Energietransportketten.
Viele Energietransportketten auf der Erde lassen sich bis zur Sonne zurückverfolgen.
Energie kann auf verschiedene Arten transportiert werden:
– durch Leitung (elektrischer Strom, Seile, Stangen),
– durch Mitführung (Kohle, Öl, heißes Wasser, Nahrung),
– durch Strahlung (Licht, Schall).

Energiespeicher
– können viel Energie enthalten,
– können die Energie lange speichern.

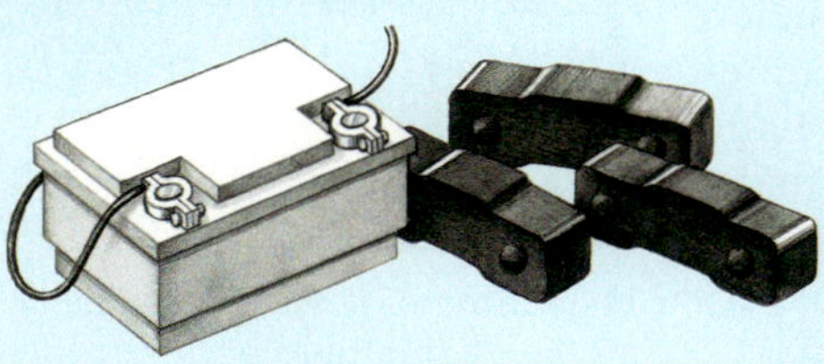

Energiewandler
– enthalten selbst kaum Energie,
– verändern die Erscheinungsform der Energie.

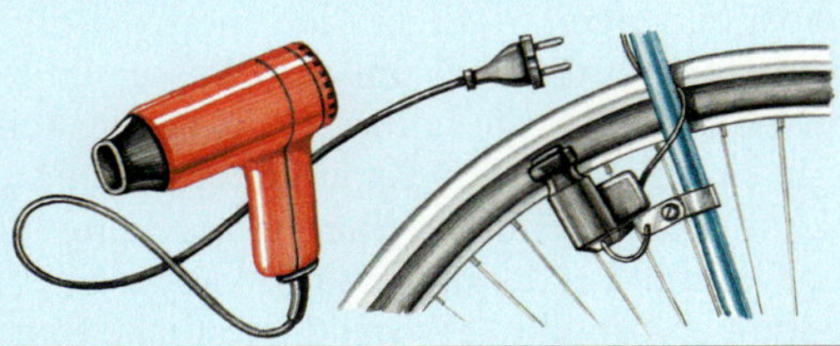

Wenn du einen Videofilm beim Zurückspulen betrachtest, flimmern sehr merkwürdige Dinge über den Bildschirm und du weißt sofort: Das kann nicht sein! Solche Vorgänge gibt es in Wirklichkeit nicht – oder es steckt ein Trick dahinter. Woran bemerkt man eigentlich, ob ein Film vorwärts oder rückwärts läuft?

1

Ein kleines Elektrizitätswerk

Wenn du elektrisches Licht einschaltest, muss im Elektrizitätswerk zusätzliche Kohle verbrannt werden: Die Energie, die du der Steckdose entnimmst, stammt aus der Kohle – eine lange Energietransportkette.
Man kann den Weg der Energie mit einer Spielzeugdampfmaschine nachvollziehen:

EXPERIMENT 1
1. Fülle heißes Wasser in den Kessel. Heize dann den Kessel mit Esbit, bis sich das Schwungrad schnell dreht!
2. Schließe an das Schwungrad kleine Maschinen an, z. B. ein Hammerwerk oder einen Schleifstein!
3. Treibe einen kleinen Dynamo an und versuche, damit eine kleine Glühlampe zum Leuchten zu bringen!

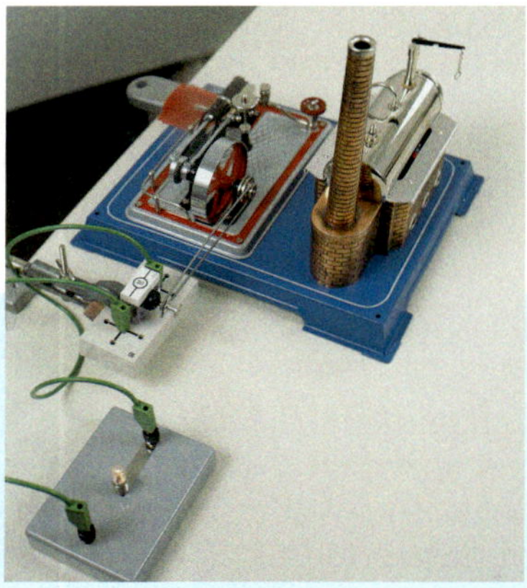

2

Wenn das Wasser im Kessel siedet und Dampf entsteht, dann beginnt das Schwungrad sich zu drehen. Soll aber ein Dynamo angetrieben werden, so bleibt die Maschine fast stehen. Nur wenn ganz viel Esbit unter dem Kessel brennt, dreht sich das Schwungrad langsam weiter und die Lampe fängt ein klein wenig zu leuchten an.
Das Schwungrad kann anscheinend kaum genügend Energie an den Dynamo übertragen. – Eigentlich merkwürdig! Das Esbit liefert doch viel Energie: Es erwärmt viel Wasser und die heiße Flamme leuchtet viel heller als die Lampe (Bild 3). Die Temperatur der Lampe erhöht sich aber bei dem Experiment so gut wie gar nicht: mit der Hand kann man jedenfalls keine Veränderung fühlen.
Offenbar kommt bei der Glühlampe viel weniger Energie an, als das brennende Esbit abgibt. – Wo ist die restliche Energie geblieben?

3

Die Flamme ist heißer und heller als die Glühlampe.

Geht Energie verloren?

Wenn du in die Nähe der laufenden Dampfmaschine kommst, findest du schnell einige „Energielecks“: Mit den Händen kannst du spüren, wie ein großer Teil der Energie an dem Kessel vorbei nach oben strömt. Auch neben dem Kessel werden die Hände ganz warm: Das heiße Wasser und der Dampf strahlen Energie ab. Und wenn die Dampfmaschine richtig läuft, entweicht auch mit dem heißen Dampf viel Energie: Man kann sich an dem Dampf sogar noch verbrennen.
Es gibt noch weitere „Energielecks“:

EXPERIMENT 2
Fahre 5 Minuten schnell mit Licht Fahrrad. Vergleiche mit der Hand die Temperatur des Dynamos vorher und nachher!

1

Der Dynamo wird spürbar erwärmt. Das Gleiche geschieht mit dem Dynamo an der Dampfmaschine.
Bei der Energieübertragung vom Esbit zur Glühlampe wird also viel thermische Energie an die Umgebung abgegeben. Diese Energie ist für den Betrieb der Glühlampe verloren.

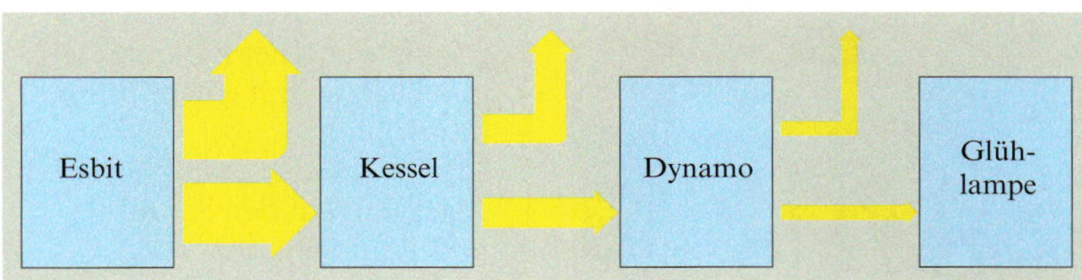

2

Nur ein winziger Teil der Energie findet den Weg vom Esbit zur Glühlampe.

Wie könnte man diese Energieverluste vermeiden? – Man müsste dafür sorgen, dass beim Verbrennen nicht so viel Energie daneben geht. Und den Kessel müsste man in eine Schutzhülle einpacken, damit er keine Energie abstrahlen kann. Wenn man aber versucht, das Entweichen des heißen Dampfes mit einem feuchten Tuch zu verhindern, bleibt die Maschine sofort stehen. Sie funktioniert nur, wenn der Dampf nach außen entweichen kann.
Was sich hier an der Dampfmaschine gezeigt hat, gilt tatsächlich ganz allgemein: Bei Energiewandlungen erwärmen sich Körper und es wird thermische Energie an die Umgebung abgegeben. Das Gleiche geschieht, wenn bei der Energieübertragung durch elektrischen Strom die Kabel warm werden.
Wenn sich beim Energietransport oder bei einer Energiewandlung Körper bewegen, kann man Reibung nie ganz verhindern, selbst wenn man noch so gut ölt (Bild 3). Und durch die Reibung werden wieder Körper erwärmt.

Bei jeder Energiewandlung und bei jedem Energietransport wird Energie als thermische Energie an die Umgebung abgegeben.

Schon gewusst?

Von jeweils 100 kJ Energie gehen verloren:
- bei Übertragung vom Kraftwerk zum Haushalt ca. 6 kJ
- in Elektromotoren 5 kJ bis 20 kJ
- in Kraftwerksgeneratoren 2 kJ

3

Verminderung von Reibung

Die Richtung aller Vorgänge

Ein Ball fliegt durch ein kaputtes Fenster aus einem Zimmer; Glassplitter fliegen heran und setzen sich hinter dem Ball zu einer ganzen Glasscheibe zusammen (Bild 1). Oder: Auf einer unruhigen Wasserfläche beginnen sich Wellen zusammenzuziehen und immer höher aufzuspritzen; aus dem Wasser tauchen Füße auf, schließlich ein ganzes Kind, das immer höher fliegt und zum Schluss oben auf einem Sprungturm landet; die Wasserfläche ist plötzlich völlig unbewegt.

Du weißt, dass es so etwas nicht gibt – hier läuft ein Film rückwärts. Besonders leicht zu erkennen ist das bei Vorgängen wie chemischen Reaktionen, Wärmeübertragung oder Reibung: Stell dir einen Film vor, in dem Holz rauchend verbrennt, Eis in siedendes Wasser geworfen wird oder ein Fahrradfahrer mit quietschenden Reifen bremst! Wie sieht ein solcher Film aus, wenn er rückwärts läuft?

Es gibt aber auch Vorgänge, bei denen man länger hinsehen muss, um entscheiden zu können, ob sie in der richtigen Richtung ablaufen.

1
Hier stimmt etwas nicht.

2

3

EXPERIMENT 3

1. Wirf eine Kugel aus Knetmasse mehrfach heftig auf einen Steinboden und miss die Temperatur der Knetmasse vorher und nachher mit einem Temperaturfühler!
2. Lass eine kleine Stahlkugel und einen Ball auf den Steinfußboden fallen!
3. Vergleiche die Vorgänge! Was geschieht dabei mit der Energie?

Ein hüpfender Ball verliert mit jedem Sprung ein wenig an Höhe, bis er schließlich auf dem Boden liegen bleibt. Bei jeder Verformung am Boden wird der Ball nämlich etwas erwärmt. Dabei wird Bewegungsenergie in thermische Energie gewandelt. Diese Energie fehlt dem Ball, um wieder seine ursprüngliche Höhe zu erreichen. Die thermische Energie wird an die Umgebung abgegeben.

Wenn der Vorgang von selbst rückwärts liefe, würde der Ball von allein immer höher springen. Die Energie müsste sich dazu aus der Umgebung im Ball sammeln, ihn zunächst erwärmen und dann höher springen lassen. Das aber geschieht niemals.

Daher spricht man auch von einer Entwertung der Energie:

Thermische Energie, die bei einer Wandlung an die Umgebung abgegeben wird, ist für eine weitere Nutzung verloren.
Diese Energie wird als entwertet bezeichnet.

4
Energieentwertung bei einer springenden Kugel

AUFGABEN

1. Wo geht bei dem Versuch, eine Glühlampe mit einer Dampfmaschine zu betreiben, überall Energie verloren? Wie könnte man die Energieverluste verringern?
2. Wo würde bei Bodo Schlaubergers Weckmaschine (S. 114) überall Energie verloren gehen?
3. Finde weitere Vorgänge,
   a) bei denen du das Rückwärtslaufen eines Filmes besonders schnell merken würdest,
   b) deren Umkehrung besonders witzig ist,
   c) bei denen du ganz genau aufpassen musst, um zu bemerken, dass sie in der falschen Richtung ablaufen!
4. Jemand erwärmt vor deinen Augen Wasser. Er behauptet, er habe die Energie aus der Umgebung in dem Topf gesammelt. Was meinst du dazu?
5. Du fährst mit eingeschaltetem Dynamo Fahrrad. Zeichne eine Energietransportkette und mache die Stellen kenntlich, an denen Energie entwertet wird!
6. Finde heraus, warum Energiesparlampen für dieselbe Helligkeit weniger Energie benötigen als normale Glühlampen!
7. Ein Tropfen Tinte fällt ins Meer. Was geschieht mit ihm? Vergleiche den Vorgang mit einer Energieentwertung!
8. Ein Satellit umkreist die Erde und bewegt sich dabei sehr schnell. Wird auch dabei Energie entwertet?
9. Angenommen, in Bodo Schlaubergers Maschine (S. 114) würde die Lageenergie der Kugel dazu verwendet, einen Akku aufzuladen. Wäre die Energie der Kugel anschließend als entwertet zu bezeichnen? Begründe!
10. Tina ist es zu heiß heute. Paul schlägt vor: „Wir machen den Kühlschrank auf und die Küchentür zu. Nach ein paar Stunden haben wir eine richtige Kältekammer." Tina hält das für Unsinn. Was meinst du? Begründe!
11. Oft ist die Energieentwertung sehr lästig. Nenne drei Beispiele dafür und gib jeweils an, wie man die Energieentwertung verringern kann!
12. Anna hat ein neues Spielzeug. Sie sagt: „Die Energie der ersten Kugel wird immer vollständig auf die letzte übertragen und umgekehrt." Woran erkennst du, dass das nicht ganz stimmt?

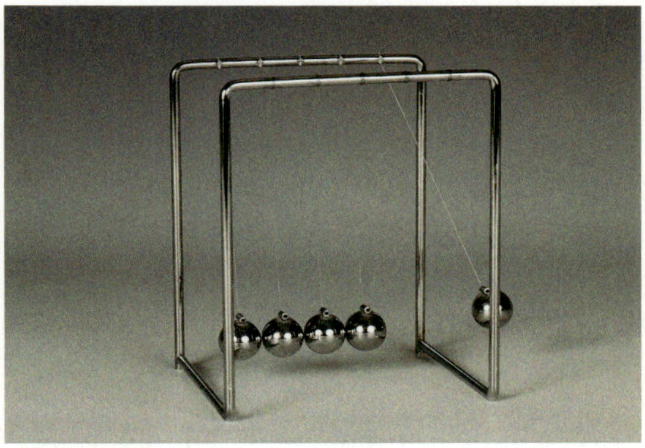
1

ZUSAMMENFASSUNG

Bei jeder Energiewandlung und bei jedem Energietransport wird Energie als thermische Energie an die Umgebung abgegeben.
Da diese Energie für eine weitere Nutzung verloren ist, wird sie als entwertet bezeichnet.
Vorgänge, bei denen Energie entwertet wird, laufen von allein nur in einer Richtung ab.

1

Erdöl, Erdgas und Kohle stammen aus riesigen, meist unterirdischen Lagern. Hier wird Braunkohle im Tagebau abgebaut und über ein Förderband zum nahe gelegenen Kraftwerk transportiert. Dort wird elektrische Energie erzeugt.
Der Energieverbrauch verändert unsere Umwelt und die Brennstoffvorräte der Erde schwinden. Daher müssen wir darüber nachdenken, wo wir Energie sparen können.

Die Energievorräte der Erde

Bei einer Spielzeugdampfmaschine wird Esbit benutzt, um mit einem Dynamo eine Lampe zum Leuchten zu bringen. In richtigen Elektrizitätswerken wird statt dessen viel Kohle verbrannt, manchmal auch Erdgas oder Erdöl: Die chemische Energie der Brennstoffe wird in elektrische Energie umgewandelt. In Kernkraftwerken wird Uran verwendet. Man nutzt dort die Energie, die in Atomkernen steckt.

Kohle, Erdgas, Erdöl und Uran sind heute die wichtigsten Energiespeicher für die Energieversorgung der Menschheit.

Die Vorräte Öl, Gas und Kohle haben sich im Laufe von Jahrmillionen aus großen Mengen abgestorbener Pflanzen und Tiere gebildet, die vor langer Zeit unter die Erdoberfläche geraten und dort zusammengepresst worden sind. Heute enthalten diese Lager die Energie, die die Pflanzen mithilfe von Sonnenlicht angesammelt hatten. Und sie enthalten Energie, die von Tieren gespeichert wurde, indem sie Pflanzen fraßen.
Erst seit etwa hundert Jahren beuten die Menschen diese Energielager aus – hauptsächlich sind dies die Bewohner der Industrieländer. Und schon in wenigen Jahrzehnten wird es kein Erdöl mehr geben.

Kohle, Erdgas und Erdöl enthalten die in Jahrmillionen angesammelte Sonnenenergie. Wenn das Tempo anhält, mit dem wir Energielager abbauen, werden sie in einigen Jahrzehnten erschöpft sein.

Schon gewusst?

In Europa und Nordamerika leben nur 20 % der Erdbevölkerung.

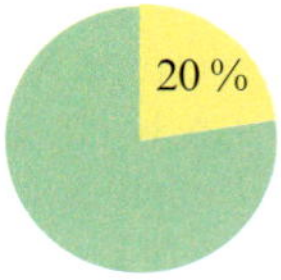

Sie verbrauchen aber 70 % aller Energie.

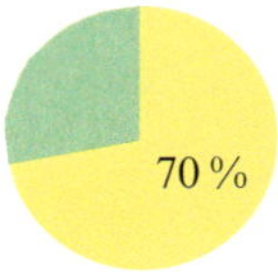

Energie und Verkehr

In Deutschland wird für Verkehr mehr Energie gebraucht als für die privaten Haushalte (Bild 1). Wozu wird die Energie im Verkehr eigentlich benötigt?

Eines fällt dir sicher sofort ein: Wenn ein Fahrzeug anfährt und schneller wird, braucht es dafür Energie. Wenn das Fahrzeug bremst, werden dadurch die Bremsen warm. Die Energie wird schließlich an die Umgebung abgegeben und damit entwertet.

Aber nicht nur für das Anfahren wird Energie gebraucht. Wäre es so, dann brauchte man bei einer gleichmäßigen Fahrt auf freier Autobahn kein Benzin. Und für 100 km brauchte man nicht mehr Benzin als für 1 km. Sobald aber ein Auto nicht mehr angetrieben wird, wird es langsamer und bleibt schließlich stehen. Es wird durch Reibung, insbesondere mit der Luft, gebremst.

Bei gleich bleibender Geschwindigkeit wird die Bewegungsenergie des Autos nicht größer, obwohl ständig Benzin verbraucht wird. Die chemische Energie des Benzins wird vollständig in thermische Energie umgewandelt. Die thermische Energie wird an die Umgebung abgegeben, also entwertet (Bild 2).

Leider kann ein Verbrennungsmotor nur 1/4 der chemischen Energie des Benzins für den Antrieb nutzen; 3/4 der Energie wird sofort in thermische Energie umgewandelt.

Der Benzinverbrauch beim Fahren ist umso größer, je schwerer das Fahrzeug ist, je größer es ist und je schneller es fährt. Messungen haben ergeben: Bei doppelter Geschwindigkeit wird auf derselben Strecke fast viermal so viel Energie benötigt. Auch beim Fahrradfahren musst du dich umso mehr anstrengen, je schneller du fährst.

Der Weg zur Schule. Wenn du mit dem Fahrrad zur Schule fährst, hast du mit Sicherheit das umweltfreundlichste Verkehrsmittel gewählt. Denn beim Fahrradfahren entstehen keine Abgase.

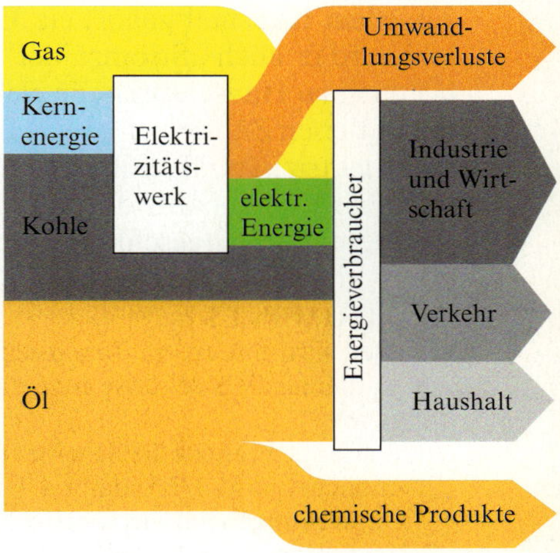

1 Ein Drittel der Energie wird für den Verkehr gebraucht.

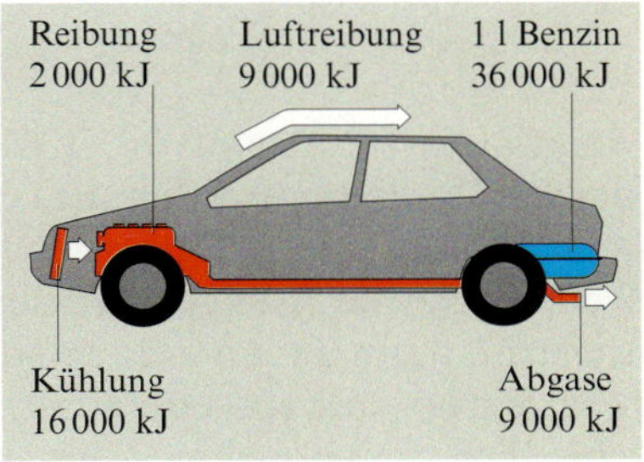

2 Beim Fahren mit gleich bleibender Geschwindigkeit wird die gesamte aufgewandte Energie entwertet.

3

Übrigens

Lässt du dich mit dem Auto zur Schule bringen? Dann lohnt es sich, darüber nachzudenken, ob du nicht auf S-Bahn oder Bus umsteigen solltest.

Ein Bus verbraucht zwar mehr Kraftstoff als ein Pkw, dafür befördert er aber 40 Personen oder mehr.

Beim Umsteigen aufs Fahrrad stellst du vielleicht sogar fest, dass du den Schulweg auch noch in kürzerer Zeit bewältigst.

Was misst der Elektrizitätszähler?

Zu jedem Haushalt gehört ein Elektrizitätszähler (Bild 1). Manchmal wird er auch „Stromzähler" genannt. Der gesamte Strom, der bei euch zu Hause durch die elektrischen Geräte fließt, fließt auch durch diesen Zähler.
Der Elektrizitätszähler in eurer Physiksammlung sieht ganz ähnlich aus. Er ist so gebaut, dass zum Experimentieren die elektrischen Geräte einzeln angeschlossen werden können.

1

EXPERIMENT 1
Wasser wird mit einem Tauchsieder erwärmt, der über einen Elektrizitätszähler an die Steckdose angeschlossen ist. Beobachte dabei die Zählerscheibe!
1. Wie lange braucht die Scheibe für 1, 2, 3, ... Umdrehungen?
2. Zunächst wird 1/2 l, dann 1 l Wasser um 30 °C erwärmt. Wie viele Umdrehungen hat die Scheibe dabei jeweils gemacht?
3. Noch einmal wird 1/2 l Wasser um 30 °C erwärmt, diesmal mit einem kleineren Tauchsieder. Vergleiche mit dem vorhergehenden Teil des Experiments!

2

Wenn nicht 1/2 l, sondern 1 l Wasser erwärmt wird, dreht sich (bei gleicher Temperaturerhöhung) die Scheibe des Elektrizitätszählers auch doppelt so oft.
Werden gleiche Mengen Wasser mit verschiedenen Tauchsiedern erwärmt, dann dauert es unterschiedlich lange, bis die gleiche Temperaturerhöhung eingetreten ist. Die Scheibe dreht sich dabei unterschiedlich schnell. Aber insgesamt dreht sie sich beide Male gleich oft. Die Anzahl der Umdrehungen ist also ein Maß für die Energie, die aus der Steckdose entnommen worden ist.

Der Elektrizitätszähler ist ein Energiemessgerät.

Energie wird meistens in Kilojoule (kJ) gemessen. Elektrizitätszähler geben die Energie jedoch in Kilowattstunden (kW · h) an. Für die Umrechnung zwischen den beiden Energieeinheiten gilt:
1 Kilowattstunde = 3 600 Kilojoule,
1 kW · h = 3 600 kJ.

Wie viel Energie wird bei einer Umdrehung der Zählerscheibe aus dem Elektrizitätsnetz entnommen?

Auf allen Haushaltszählern befindet sich eine Angabe, wie oft sich die Zählerscheibe für eine Kilowattstunde drehen muss. Z. B. dreht sich die Zählerscheibe 75-mal je Kilowattstunde. Dann entspricht eine Umdrehung also 1/75 kW · h.
Es gilt $\frac{1}{75}\ \text{kW} \cdot \text{h} = \frac{3\,600}{75}\ \text{kJ} = 48\ \text{kJ}$.
Eine Umdrehung entspricht hier also einer Energie von 48 kJ.

Übrigens

Wenn du zu Hause experimentierst, musst du sicherstellen, dass alle andern Geräte (Lampen, Kühlschrank) abgeschaltet sind. Anderenfalls misst der Zähler mehr Energie, als du für dein Experiment wirklich benötigst.

Es gibt verschiedene elektrische Geräte, mit denen man Wasser erhitzen kann. Eigentlich müssten alle die gleiche Energie benötigen, um die Temperatur von einem Liter Wasser von 20 °C auf 100 °C zu erhöhen: 80 · 4 kJ = 320 kJ (vergleiche S. 25).

EXPERIMENT 2

Bereitet 1 Liter Tee mit unterschiedlichen Geräten zu: mit verschiedenen Kochplatten und Tauchsiedern, einem Wasserkocher oder einer Kaffeemaschine. Messt die benötigte Energie mit einem Elektrizitätszähler.

1. Lest ab, wie viele Umdrehungen die Zählerscheibe für 1 kW · h benötigt. Berechnet daraus, welcher Energie (in kJ) eine Umdrehung entspricht (siehe S. 122)!
2. Zählt für die verschiedenen Methoden die Umdrehungen der Zählerscheibe. Berechnet daraus jeweils die Energie!
3. Tragt eure Messergebnisse in ein Diagramm ein!
4. Auf welche Weise braucht ihr am wenigsten Energie? Was könnten die Gründe für die Unterschiede sein?

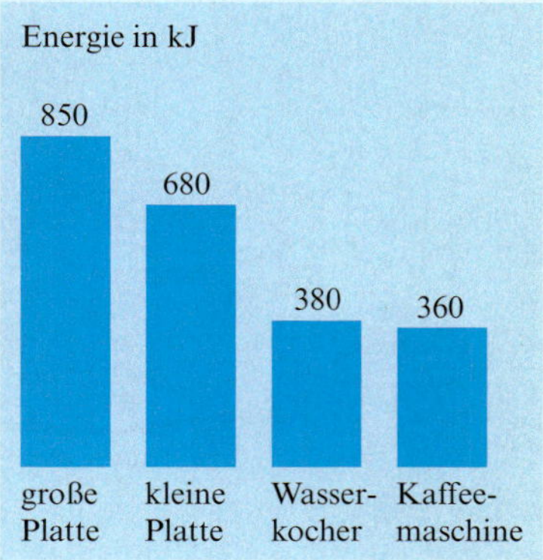

1

Energieverbrauch hat Folgen

In jedem Jahr wird euer Zähler einmal abgelesen und deine Eltern erhalten vom Elektrizitätswerk die „Stromrechnung“, d. h., die Rechnung für die von euch verbrauchte elektrische Energie (s. S. 75). Du weißt, dass die elektrische Energie, die ihr benutzt, um die Wohnung zu beleuchten, Musik zu hören, Bewegung zu erzeugen und Wasser zu erwärmen, nicht in der Steckdose steckt. Sie muss über Leitungen von einem Elektrizitätswerk geliefert werden. Dort wird z. B. chemische Energie der Kohle in elektrische Energie gewandelt. Wenn du weißt, wie viel Energie in Brennstoffen steckt (siehe Tabelle), kannst du ausrechnen, wie viel Brennstoff (z. B. Braunkohle) im letzten Jahr für eure elektrische Energie verbrannt wurde:
Angenommen ihr habt in einem Jahr 5000 kW · h elektrische Energie verbraucht: 5000 · 3600 kJ = 18 000 000 kJ.
1kg Braunkohle enthält 20000 kJ chemische Energie. Daher mussten für euch 900 kg Kohle verbrannt werden.
In Wirklichkeit noch mehr, denn die chemische Energie kann nicht vollständig in elektrische Energie gewandelt werden. Bei der Dampfmaschine muss Dampf nach draußen entweichen. In den großen Elektrizitätswerken muss stattdessen ständig mit Wasser gekühlt werden. Auch das Kühlwasser gibt die Energie an die Umgebung ab (Bild 2).

Energiegehalt von verschiedenen Energiespeichern

Stoff	Energie je kg in kJ
Holz	15 000
Braunkohle	20 000
Steinkohle	32 000
Erdgas	31 000
Erdöl	42 000
Uran	200 000 000

Bei der Wandlung von chemischer Energie in elektrische Energie gehen fast zwei Drittel der eingesetzten Energie verloren.

In unserem Beispiel mussten für die 5000 kW · h sogar 2700 kg Braunkohle im Tagebau gefördert und im Kraftwerk verbrannt werden.

2

Viel Energie wird über Kühltürme an die Umgebung abgegeben.

Projekt

Energie messen und sparen

1

„Energiesparen ist die Energiequelle der Zukunft“: Wenn wir sparsam mit unseren Energievorräten umgehen, dann halten die Vorräte länger und die Umwelt wird weniger verschmutzt.
Aber wo lässt sich Energie sparen? – Meistens dort, wo auch besonders viel verbraucht wird.
In diesem Bild entweicht viel Dampf, und mit ihm Energie, aus dem Topf. Außerdem gelangt ein großer Teil der Energie, die die Platte abgibt, nicht ins Wasser, sondern erwärmt die Luft.

Energiemessungen mit der Stoppuhr. Der Verbrauch an elektrischer Energie lässt sich sehr genau mit einem Elektrizitätszähler bestimmen. Aber auch ohne ein solches Energiemessgerät kann man einiges über den Energieverbrauch einer Herdplatte oder einer Gasflamme erfahren. Eine Stoppuhr genügt. Man muss sich dabei allerdings vergewissern, dass die Platte bzw. die Flamme in gleichen Zeiten immer gleich viel Energie abgibt.

AUFTRAG 1
Erhöht die Temperatur von verschieden großen Wassermengen jeweils um 20 °C.
Tragt eure Messwerte in eine Tabelle ein!

Temperaturerhöhung um 20 °C

Wassermenge	Zeit in s Elektroherd	Zeit in s Gasflamme
0,5 l		
1 l		
1,5 l		
2 l		

2

Die meisten Heizgeräte geben thermische Energie gleichmäßig ab – in jeder Minute gleich viel. Wenn ihr immer dieselbe Kochplatte benutzt, braucht ihr also nur die Zeit zu messen und ihr habt ein Maß für die verbrauchte Energie: Siedet das Wasser schon nach der Hälfte der Zeit, habt ihr auch nur halb so viel Energie verbraucht.

AUFTRAG 2
Messt die Zeit, die nötig ist, um 1 Liter Wasser auf immer derselben Kochplatte oder Gasflamme zum Sieden zu bringen! Eine Herdplatte müsst ihr vor jeder Messung erst ganz abkühlen lassen.

1. Benutzt zunächst einen kleinen Topf ohne Deckel!
2. Deckt denselben Topf zu und wiederholt die Messung!
3. Benutzt einen größeren Topf, der z. B. genau auf die Herdplatte passt!
4. Versucht mit möglichst wenig Energie auszukommen! Kann die Platte auch schon vor dem Sieden abgeschaltet werden?
5. Stellt eure Ergebnisse als „Säulendiagramm“ dar und formuliert Empfehlungen zum Energiesparen!

3

Der Energieverbrauch zu Hause. Mit eurem Elektrizitätszähler zu Hause kannst du selbst herausfinden, wie viel elektrische Energie ihr im Jahr ungefähr verbraucht. Auch die Energierechnung gibt darüber Auskunft.
Wofür aber benötigt ihr diese Energie hauptsächlich? Leider kannst du zu Hause keine einzelnen Geräte an den Zähler anschließen. Aber es gibt noch eine weitere Möglichkeit, elektrische Energie zu messen.

1 Typenschild

An Elektrogeräten kann man ihre Leistung ablesen. Die Leistung gibt an, wie viel Energie das Gerät jede Sekunde umwandelt: Ein elektrisches Gerät mit einer Leistung von 1 000 Watt oder 1 Kilowatt (1 000 W oder 1 kW) entnimmt dem Elektrizitätsnetz in einer Stunde 1 kW · h elektrische Energie, also in einer Sekunde 1 kJ.

Welches Gerät verbraucht die meiste Energie? 2

***Beispiel:** Ein Toaster hat eine Leistung von 750 W.*
In einer Stunde verbraucht er also 0,75 kW · h. Dann verbraucht er in 24 Stunden 18 kW · h.

Wenn du die Leistung eines Gerätes herausgefunden hast, brauchst du nur noch die Zeit zu messen, die es angeschaltet ist, und schon kannst du die benötigte Energie berechnen.

AUFTRAG 3
1. Finde heraus, wie viel elektrische Energie bei verschiedenen Tätigkeiten im Haushalt benötigt wird, z. B. beim Musikhören, Haartrocknen und Fernsehen, für die Zimmerbeleuchtung oder den Computer mit Monitor!
2. Informiere dich dazu über die Leistung der entsprechenden Geräte. Berücksichtige auch den Betrieb von Geräten, die oft „im Verborgenen" wirken, z. B. Durchlauferhitzer oder elektronische Geräte im Stand-by-Betrieb!
3. Berechne daraus die Energie, die diese Geräte in 24 Stunden (ohne Unterbrechung) verbrauchen!

3

Untersuche nun gemeinsam mit deiner Familie Möglichkeiten zum Einsparen von elektrischer Energie:

AUFTRAG 4
1. Miss den Verbrauch der elektrischen Energie deiner Familie in einer ganz normalen Woche!
2. Verabrede mit deiner Familie verschiedene Maßnahmen, um eine Woche lang besonders sparsam mit elektrischer Energie umzugehen! Welche Vorschläge kannst du dazu machen?
3. Wiederhole die Messung des Energieverbrauchs während eurer „Energiesparwoche"! Wie viel Energie könntet ihr auf diese Weise in einem ganzen Jahr sparen?
4. Berichte über deine Ergebnisse. Benenne auch die Schwierigkeiten, die sich beim Energiesparen herausgestellt haben!

4

AUFGABEN

1. Begründe, dass auch die Energie von Erdöl, Kohle und Holz und die Energie des Windes letztlich von der Sonne kommen!
2. Begründe, dass wir mit Energie sparsam umgehen müssen!
3. Von 200 kJ des jährlichen Energiebedarfs der Weltbevölkerung entfallen 7 kJ auf Deutschland. Aber von 200 Menschen auf der Erde leben nur 3 in Deutschland. Was besagen diese Zahlen?
4. Warum wird viel weniger Energie verbraucht, wenn Wohnungen mit Öl oder Gas, aber nicht elektrisch geheizt werden?
5. Manche Kraftwerke erzeugen nicht nur elektrische Energie, sondern sie versorgen die Häuser der Umgebung auch mit Fernwärme. Auf welche Weise wird hier Energie gespart?
6. Welche Folgen hätte es, wenn mehr Leute statt mit dem Auto mit dem Fahrrad zur Arbeit fahren würden?
7. Warum verbraucht ein Auto beim Fahren mit gleich bleibender Geschwindigkeit Energie? Woran merkt man das?
8. Verschiedene Verkehrsmittel verbrauchen auf 100 km unterschiedlich viel Energie pro Person. Beschaffe dir Informationen dazu und berichte darüber!
9. Nenne verschiedene Arten zur Erzeugung elektrischer Energie. Beschreibe jeweils die Folgen, die sich für die Umwelt ergeben!
10. Nenne krasse Beispiele für Lebensmittel, die von weit her antransportiert werden, obwohl die gleichen Produkte auch bei euch in der Nähe hergestellt werden!
11. Worauf solltest du im Winter beim Lüften deines Zimmers achten?
12. Versuche herauszufinden, wie viel elektrische Energie, wie viel Heizöl (oder Gas) und wie viel Benzin deine Familie pro Jahr verbraucht. Wie lang müsste der Öltank in Bild 1 für euch sein? Benutze die angegebenen Schätzwerte!

1

ZUSAMMENFASSUNG

Kohle, Erdgas, Erdöl und Uran sind heute die wichtigsten Energiespeicher für die Energieversorgung der Menschheit.

Kohle, Erdgas und Erdöl enthalten die in Jahrmillionen angesammelte Sonnenenergie. Wenn das Tempo anhält, mit dem wir Energielager abbauen, werden sie in einigen Jahrzehnten erschöpft sein.

Bei der Erzeugung von elektrischer Energie in einem Kohlekraftwerk gehen fast zwei Drittel der eingesetzten Energie verloren.

Der Elektrizitätszähler ist ein Energiemessgerät. Viele Geräte wandeln Minute für Minute gleich viel Energie um.

Register

Bildquellenverzeichnis

AEG Hausgeräte AG, Werkbund-Archiv, Berlin: 24/2. AEG Hausgeräte GmbH, Nürnberg: 88/2. AKO-ISMET Elektrogeräte GmbH & Co. KG, Kisslegg: 75/3. Bachmann, W., Langenfeld-Richrath: 100/1. Barg-Baustofflabor GmbH & Co. KG, Berlin: 28/1. Bavaria Bildagentur GmbH, München: 103/1. Bayer-Bildarchiv, Leverkusen: 93/1. Berliner Tief- und Verkehrsbau GmbH, Berlin: 13/1. Bildagentur Mauritius GmbH, Mittenwald: 5/1. Bildagentur Superbild GmbH, Berlin: 121/3. Bildarchiv OKAPIA KG, Berlin: 111/1. Bildart Photos, Hohen Neuendorf: 5/3, 9/2, 10/2-3, 13/2, 14/1-2, 19/1, 30/3-4, 31/1, 32/1, 33/1-2, 38/1, 40/4, 41/1, 44/1, 47/4, 48/3, 49/6, 50/3, 51/1, 52/1, 53/1, 54/1, 62/1, 63/1, 64/1, 65/1, 67/2, 68/1, 74/1-2, 77/3, 79/1, 80/2, 81/1, 82/1-3, 83/1-3, 84/3-4, 85/1, 86/1, 87/1-5, 88/1, 89/2, 90/3, 94/1-3, 96/1, 97/2, 98/4-5, 105/1, 106/1, 108/1-2, 112/1-4, 116/1-3, 117/1, 117/3, 118/4, 119/1, 122/2, 125/1, 125/4. BMW AG, München: 104/3. Cordon Art B.V., AC Baarn: 109/1. Deutsche Bahn AG, Berlin: 39/2, 47/3. Deutsche Verkehrswacht e.V., Meckenheim: 48/1. Deutsches Museum, München: 92/2-3, 101/4, 109/2-3. DLR, Berlin-Adlershof: 104/1, 111/3. DURACELL® GmbH, Köln: 76/3. Gemballa electronics, Kaltenkirchen: 71/2. Helga Lade Fotoagentur GmbH, Berlin: 6/1, 22/1, 26/3, 34/1-2, 47/2, 82/4, 98/1, 104/2. Kaiser KWO Kabel Energie GmbH & Co., Berlin: 50/4. Linde AG, Werksgruppe Technische Gase, Höllriegelskreuth: 8/6. Mannesmann Dematic, Wetter: 59/2. Mänz, Heinz E., Hamburg: 8/5. maquette Hellige GmbH, Freiburg i.Br.: 65/2. Medtronic, Düsseldorf: 65/3. Minimax GmbH, Bad Oldesloe: 12/3-4. ONNEKEN, Friedrichsdorf: 55/3-4. Optical, Figurenbühne Oeffler-Wöller, Stuttgart: 80/1. OSRAM, München: 47/5, 69/2, 69/4. Paul Hartmann AG, Heidenheim: 21/2. Philips Licht, Hamburg: 86/2. Ruhrkohle, Bergbau AG, Herne: 110/4. RWE Energie AG, Essen: 74/1, 88/3, 120/1. Schmolz, Dr. Erik, Berlin: 20/3. Schwarzer GmbH, München: 64/3. Schwarzer, K., Berlin: 58/1. Siemens KWU, Erlangen: 50/1-2, 50/4, 123/2. Theodor Heimeier · Metallwerk GmbH & Co. KG, Erwitte: 12/2. Thyssen Transrapid System GmbH, Kassel: 60/1-2. Transglobe Agency, Hamburg: 37/1. VARTA, Hannover: 76/4. VEGLA-Bildarchiv, Alsdorf: 35/5. Vehrenberg KG, Düsseldorf: 3/1. VWV-Archiv, Berlin: 15/3, 56/4, 57/1, 62/2, 99/3, 104/1, 110/1. Wagemann, E. U., Stuttgart: 26/4. Werner, M.-G., Pulsnitz: 8/4. Wilhelm-Foerster-Sternwarte, Berlin: 99/2.

Für die Bereitstellung von Experimentiergeräten danken wir der Firma Cornelsen Experimenta, Berlin.

Sonnenoberfläche 6 000 °C

200 000 000 °C	höchste Temperatur in einem Fusionsreaktor
6 000 °C	elektrischer Lichtbogen
3 550 °C	Diamant wird flüssig
1 400 °C	Glas wird flüssig
450 °C	Wasserdampf in Kraftwerksturbinen
250 °C	Glaskolben einer Halogenlampe
120 °C	Temperatur im Dampfdrucktopf
41,5 °C	Fieber wird lebensbedrohlich
5 °C	Körpertemperatur des Igels im Winterschlaf
−5 °C	Körpertemperatur des arktischen Kabeljau
−195,8 °C	Stickstoff wird flüssig
−272,2 °C	Helium wird fest
−273,15 °C	tiefste mögliche Temperatur

Mond, Tagseite 130 °C

Mond, Nachtseite −160 °C